辽宁省结构智能化与安全技术重点实验室建设项目(1900329)资助
辽宁省科技厅重点项目(2019JH2/10300054)资助
公共建筑安全保障技术“创新团队”项目(XLYC1908032)资助
2021年度辽宁省普通高等教育本科教学改革研究优质教学资源建设与共享项目资助

面向领域QoS约束的Web服务选取方法研究

刘国奇　邓志君　邓媛媛　著

中国矿业大学出版社
·徐州·

内 容 提 要

本书针对面向领域的 Web 服务 QoS 评价问题，提出一个面向领域、可扩展的 QoS 模型，并提出一种多维的 Web 服务 QoS 评价技术，基于可扩展的 QoS 模型对传统的 SOA 体系结构进行扩展；针对 Web 服务 QoS 信息的不确定性，结合不同生命周期的 QoS 数据，给出一种支持面向领域的 Web 服务质量可信度评价模型；针对面向领域的 Web 服务 QoS 评价指标选择问题，提出一种基于服务使用信息的服务约束生成方法；针对有约束的 Web 服务场景下用户约束条件的选择问题，提出一种基于约束放松、自适应的 Web 服务选取方法。

本书可供相关专业的研究人员借鉴、参考，也可供广大教师教学和学生学习使用。

图书在版编目(CIP)数据

面向领域 QoS 约束的 Web 服务选取方法研究 / 刘国奇，邓志君，邓媛媛著.— 徐州 ：中国矿业大学出版社，2021.8

ISBN 978 - 7 - 5646 - 5104 - 6

Ⅰ.①面… Ⅱ.①刘…②邓…③邓… Ⅲ.①Web 服务器—研究 Ⅳ.①TP393.09

中国版本图书馆 CIP 数据核字(2021)第 167500 号

书　　名	面向领域 QoS 约束的 Web 服务选取方法研究
著　　者	刘国奇　邓志君　邓媛媛
责任编辑	何晓明
出版发行	中国矿业大学出版社有限责任公司 (江苏省徐州市解放南路　邮编 221008)
营销热线	(0516)83884103　83885105
出版服务	(0516)83995789　83884920
网　　址	http://www.cumtp.com　**E-mail**:cumtpvip@cumtp.com
印　　刷	苏州市古得堡数码印刷有限公司
开　　本	787 mm×1092 mm　1/16　**印张** 7.75　**字数** 180 千字
版次印次	2021 年 8 月第 1 版　2021 年 8 月第 1 次印刷
定　　价	42.00 元

(图书出现印装质量问题，本社负责调换)

前　言

在大量相同功能的Web服务广泛存在、候选服务众多的情况下，如何在这些服务中选择最大程度满足用户需要的Web服务，一直是学术界广泛关注的问题之一。研究者普遍认为，当服务消费者进行服务选取时，不仅需要考虑是否满足功能性需求，还需考虑非功能性需求，即服务质量(QoS)需求。学术界和工业界从不同侧面展开了针对QoS驱动的服务选取研究工作，并取得了大量成果，但还存在以下不足：① 对QoS的评价只关注于指标选择和评价算法，忽略了Web服务不同生命周期的质量信息对服务综合质量的影响；② 对QoS信息及其评价方法可信度方面的研究较少；③ 目前的服务选取技术把用户提出质量要求和用户不提出质量要求两种场景分开研究，不考虑它们之间的联系，忽略了参与选取的用户行为信息的作用；④ 在Web服务QoS评价过程中，只考虑通用QoS属性的评价，对面向领域的服务质量评价考虑不足；⑤ 在用户提出质量要求场景下的Web服务选取过程中，对基于约束条件的服务选取的自适应机制研究较少。

针对面向领域的Web服务QoS评价问题，本书提出一个面向领域、可扩展的QoS模型，并提出一种多维的Web服务QoS评价技术，基于可扩展的QoS模型对传统的SOA体系结构进行扩展；针对Web服务QoS信息的不确定性，结合不同生命周期的QoS数据，给出一种支持面向领域的Web服务质量可信度评价模型；针对面向领域的Web服务QoS评价指标选择问题，提出一种基于服务使用信息的服务约束生成方法；针对有约束的Web服务场景下用户约束条件的选择问题，提出了一种基于约束放松、自适应的Web服务选取方法。

本书所提出的创新点概括如下：

(1) 针对现有QoS模型不能适用多领域Web服务质量评价的问题，提出了一个面向领域多维可扩展的QoS模型，用以支持QoS信息的增加、获取、传递及存储，为面向多领域的Web服务质量评价奠定了基础，并提出一个扩展的SOA体系结构，该体系结构支持Web服务QoS信息的存储、评价以及QoS驱动的Web服务选取。

(2) 针对Web服务QoS信息的动态变化性，本书提出从Web服务生命周期的多个阶段收集QoS信息，通过计算不同阶段QoS值之间的差异，给出了一种面向领域的Web服务QoS可信度的计算模型，该模型考虑了Web服务在不同生命周期中存在的QoS信息及这些信息对Web服务质量的影响，并支持面向领域的Web服务可信度度量。

(3) 把QoS驱动的Web服务选取分为有约束(用户提供约束条件)和无约束(用户不提供约束条件)两种场景。在有约束的Web服务选取场景下，提出一种支持领域特性的Web服务QoS度量的模型，该模型能够根据用户提供的约束信息选取最接近用户要求的Web服务。在无约束的服务选取中，针对有约束的Web服务选取过程，分析用户的选取服务行为和反馈行为，根据用户选取服务过程中提出的约束条件信息为Web服务生成约束信息集，并根据用户的反馈结果为Web服务生成QoS度量指标和指标权重，把生成的结果应用到无约束的Web服务选取场景中。本书的研究把有约束的Web服务选取和无约束的Web服务选取结合在一起考虑，解决了面向领域的Web服务QoS度量过程中的指标选择及权重确定问题。

(4) 针对有约束的Web服务选取场景下，候选服务均不能满足用户约束时，服务选取失败，导致选取过程重复、烦琐的问题，本书提出了基于约束信息自适应的Web服务选取框架和服务选取方法。通过对用户个性化约束信息的分析和利用,提出了一个能够基于用户约束条件进行自适应Web服务选取的约束放松模型。该模型从约束内容和约束的重要程度等方面对约束条件进行研究分析,在此基础上定义约束条件的放宽量及其等价关系、约束权重增长量以及约束放松截止条件。自适应的Web服务选取能够提高服务选取的成功率,减少用户参与服务选取的次数。

著　者

2021年3月

目　录

第1章 绪　论

1.1 研究背景

Web服务是一种面向服务架构(SOA,Service-Oriented Architecture)的技术[1],定义了一种基于公共网络的分布式编程模式和软件功能提供方式,提供了一种软件之间交换信息的规范,为异构系统间的通信提供了一系列开放的、被广泛接受的协议和标准[2],如HTTP、SMTP(Simple Mail Transfer Protocol)、SOAP(Simple Object Access Protocol)[3]、WSDL(Web Services Description Language)[4]、UDDI(Universal Description Discovery and Integration)[5]以及BPEL4WS(Business Process Execution Language for Web Services)[6]等。

近年来,SOA[7]、SaaS(Software as a Service)[8]及云计算[9]理论的发展和推广加速了Web服务的发展。随着互联网络的发展,越来越多的商业机构希望把企业运营集成到分布式应用环境中,促使Web服务成为越来越多的应用系统使用的主流技术。Al-Masri等[10]在2007年和2008年分别对网络上可访问的公共Web服务进行了一次调查,在网络上可获得的有效Web服务超过4 000个,而且数量还在不断增加。随着SaaS和云计算理论的发展,软件租赁这种运行模式将会得到更大的发展,国际著名的“Salesforce”和国内的“八百客都”在软件租赁模式下均获得了盈利。Web服务是在SOA及SaaS理论之后被提出来的,很快就成了SOA及SaaS最佳的技术依托,Web服务有效地促进了SOA及SaaS的发展,与此同时SOA和SaaS也促进了Web服务的应用及发展。

Web服务在软件的未来发展趋势中主要体现在以下四个方面:

(1) 符合统一标准的应用软件将会得到普及。随着互联网络的发展,应用软件从传统的C/S结构转换为B/S结构,软件系统规模的不断扩大、用户需求的多变性及复杂性要求软件应用程序间进行更加频繁的信息传递,而标准的应用软件开发方法、部署方法、调用方法将能满足这一需求。

(2) Web 服务技术将促进新兴理论的发展,SaaS 和云计算产品的市场将进一步扩大。SaaS 和云计算改变了软件产品的运营模式,在未来将会有更多的软件以服务的形式出现,软件供应商将从软件产品提供者转换为软件服务提供者,用户的需求本质是服务而不是软件功能,新的运行模式的推广及新应用的建设是该阶段的主要问题。

(3) Web 服务在 SaaS 及云计算领域的应用将促使用户由产品购买角色到服务购买角色的转变。在基于 SaaS 和云计算的软件运营模式下,用户将会从几个软件供应商购买软件转变为从多个服务供应商购买服务,购买的服务内容、时间长短等也将具有多变性,其业务组合也将更加灵活多变,服务之间能否进行灵活的业务组合将会成为该阶段的重点问题。

(4) 软件服务质量将会成为未来软件企业竞争的主要影响因素。当以租赁为主的软件运行模式得以普及之后,软件服务提供者之间的竞争将会以服务质量的竞争为主。当多个服务提供者提供具有相同功能服务的时候,用户将会以服务质量(包括价格、时间等指标)作为其选择的主要标准,服务质量的评价将成为非常重要且亟待解决的问题。

从上面对未来发展和技术的阐述中可以看到,Web 服务作为软件服务最理想的实现技术,将会得到更大的发展空间,当互联网上出现数量众多的服务提供者及 Web 服务的时候,通过哪种技术或手段对 Web 服务的质量进行评价及评价的可信度将会成为重要的问题,无论是在自动的 Web 服务选取还是人为参与的服务选取过程中,服务质量的度量将成为服务使用者选择服务的依据。

服务是开放网络环境下资源封装与共享的核心概念。Web 服务作为一种具有开放性、互操作性的面向服务的计算模式,从诞生至今已经经过多年的快速发展,而基于云计算、SaaS、物联网等技术的需求又进一步推进了 Web 服务的发展,使得 Web 服务成为面向对象后又一个具有重大影响作用的技术产物。在 Web 服务发展的过程中,对 Web 服务的 QoS 评价是不可缺少的研究内容,在服务的发现、选取、组合等阶段都需要参考 Web 服务的 QoS 评价结果。为此,需要研究 Web 服务 QoS 评价技术,而 Web 服务 QoS 评价面临一系列问题,其中的几个关键问题有:

(1) 支持 QoS 驱动的 Web 服务发现、选取、组合的扩展体系结构研究。传统的 SOA 体系结构不支持 QoS,无法实现 QoS 驱动的 Web 服务发现、选取及组合等功能。为实现 QoS 驱动的 Web 服务选取,普遍采用扩展 UDDI

或者扩展 SOA 体系结构两种方法，其扩展的体系结构各异。如何定义一个较全面的、支持领域特性的扩展 SOA 体系结构是目前需要解决的问题。

（2）Web 服务 QoS 评价的可信度问题。目前，对 Web 服务 QoS 的评价较少考虑评价采用的 QoS 信息和评价结果的可信度问题。通常对 Web 服务 QoS 评价的信息来源包括三种：服务提供者提供的 QoS 信息、第三方监控系统提供的信息和服务使用者进行反馈的信息。由于信息来源的局限性，这些信息在获取的时候都可能存在一定的误差，所以基于这些数据的 Web 服务 QoS 评价结果也不准确。如何在 Web 服务 QoS 评价的时候，能够更加准确地评价出 Web 服务的 QoS 是一个需要解决的问题。

（3）QoS 驱动的 Web 服务选取。已有的基于语义的 Web 服务发现、选取方法一般利用本体自身的推理关系找到语义上满足用户需求的 Web 服务[11-15]，多采取基于服务的功能考察服务能力的方式。QoS 驱动的服务发现、选取方法按照用户的 QoS 要求对相同功能的 Web 服务进行选择，是对传统基于语义 Web 服务发现、组合方法的优化[16-18]。QoS 驱动的 Web 服务发现、选取可以分为有约束和无约束两种情况，两种情况下的 Web 服务质量评价过程中，对 Web 服务领域指标的选择是目前研究的问题之一。如何关联地研究无约束和有约束两种情况，利用有约束的服务选取信息支持无约束的服务选取，从而为无约束的 QoS 驱动 Web 服务选取生成领域评价指标是一个亟待解决的问题。

（4）自适应的 QoS 驱动 Web 服务选取问题。有约束的 Web 服务选取也可以称为 QoS 有保障[19-20]的 Web 服务选取，要求在选取的过程中充分保障服务请求者的 QoS 需求。目前的研究假设一定存在满足用户 QoS 需求的 Web 服务，在有约束的 Web 服务选取过程中，只考虑如何选取出满足用户需求的 Web 服务。但在实际应用中，可能存在和用户需求相似但又不能满足用户需求的 Web 服务选取的情况[19]，如何在这种情况下为用户推荐最佳的 Web 服务也是当前值得研究的一个问题。

1.2　主要研究内容

本书以面向领域的可扩展 QoS 模型为基础，定义领域的服务可信度评价模型，研究基于服务使用信息的 QoS 约束生成方法，在可信度评价和 QoS 约束的研究基础上，实现了一种基于约束放松的自适应服务选取方法。本书研究框架如图 1-1 所示。

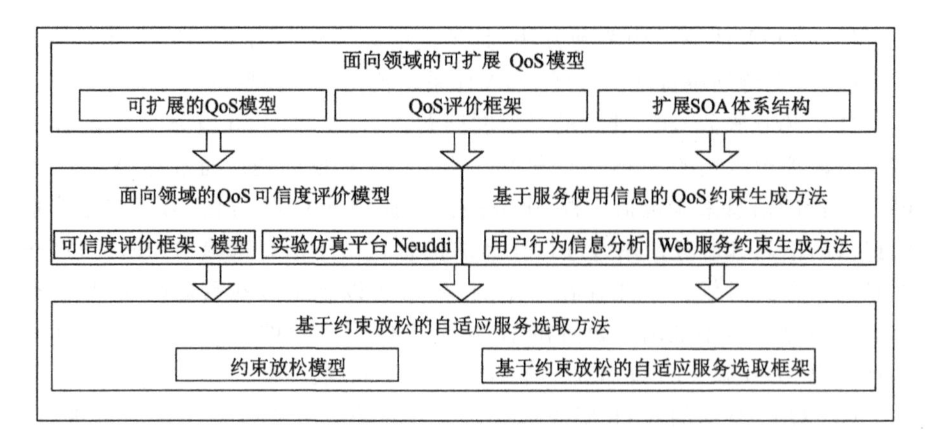

图 1-1　本书研究框架图

本书的主要研究内容包括：

（1）支持面向领域QoS评价的可扩展QoS模型及扩展SOA体系结构。传统的SOA框架中没有支持QoS的组件和角色，Web服务的系列标准中没有专门为QoS定义任何标准和模型。这使得Web服务QoS的获取、存储及度量在传统框架中难以实现，影响了QoS驱动的Web服务选取的应用。本书在已有研究基础上提出一个可扩展的QoS模型，该框架支持QoS评价、可信度评价及QoS驱动的Web服务选取等功能，并提出一个扩展的SOA体系结构，模型既包含对SOA体系结构的扩展，又包含对Web服务技术的扩展，使得该模型支持QoS信息的获取、存储及QoS驱动的服务选取。

（2）面向领域的QoS可信度计算。Web服务的动态性、开放性决定了它的质量具有不确定性，同时也可能存在欺诈行为，而且不同领域的Web服务QoS属性又各不相同。针对以上问题，本书提出一种通过分析Web服务不同生命周期的QoS信息及不同方式获取QoS信息的差异来度量其质量可信度的方法，并给出这种方法下的可信度计算模型，模型支持对不同领域Web服务质量的度量。

（3）基于服务使用信息的QoS约束生成方法。从用户参与形式的角度，QoS驱动的Web服务选取可以分为有约束和无约束两种。用户的反馈信息不仅对Web服务的QoS评价至关重要，同时也影响约束信息集生成。用户反馈信息不仅可以作为评价Web服务QoS的组成部分，在有约束的Web服务选取场景下，反馈结果同时也反映了服务选取的效果，评价较高的反馈代表了一次成功的服务选取过程。本书一方面提出把用户反馈信息作为评价服务质量的信息来源之一，另一方面收集有约束场景下反馈较好的用户行为信息应用到无约束场景下的服务选取活动中。分析了有约束的 Web 服务选取场景下的服务选取行为和用户反馈行为，根据用户行为生成 Web 服务的 QoS 评价指标集和权重值，并应用到无约束的 Web 服务选取中，解决了面向领域的 Web 服务 QoS 评价的指标选取及指标权重确定问题。

(4) 基于约束放松的自适应服务选取方法。QoS 驱动的有约束 Web 服务选取过程中，考虑到用户可能缺乏专家知识，不能很好地给定约束条件，或者给定的约束条件过于严格甚至是错误的，会造成一次选取失败，要求用户重新输入约束信息，造成服务选取过程烦琐，本书提出一个通过分析约束条件的强弱试探性放松约束条件的放松模型，实现自适应的 Web 服务选取的方法，从而提高了服务选取效率。

1.3　本书组织结构

本书共分为 7 章。

第 1 章为绪论。介绍了 Web 服务 QoS 领域的研究背景，分析了 Web 服务 QoS 领域研究面临的问题，阐述了 Web 服务技术的未来发展趋势，并在此基础上给出了本书的主要研究内容与组织结构。

第 2 章对目前服务 QoS 所涉及的关键技术进行了分析和总结。在分析当前 QoS 驱动的服务选取领域研究的热点问题后，从扩展 SOA 体系结构、QoS 重要性、QoS 评价、QoS 驱动的服务选取技术等方面对服务质量研究所涉及的关键技术进行了分析和总结。

第 3 章提出了可扩展的面向领域属性的 QoS 模型，并扩展了传统的 SOA 体系结构(exSOA)。首先，给出了基于该模型的 QoS 计算方法，针对单个服务和组合服务两种情况分别讨论了 QoS 计算的具体计算方法。其次，通过分析 QoS 驱动的服务选取的研究目标，在给出服务 QoS 标准、QoS 属性定义的基础上，提出支持 QoS 驱动的服务选取模型，提出了扩展的 SOA 体系结构。

第 4 章提出了一种面向领域的 Web 服务 QoS 可信度评价模型。针对 Web 服务 QoS 信息的收集来源于 Web 服务不同生命周期这一事实，针对 QoS 度量中一个具体指标，以服务提供者提供的 QoS 值为依据，通过计算它与监控阶段、服务使用者使用阶段获得的 QoS 值之间的差异给出它的可信度度量方法。通过对 QoS 可信度的计算，能够主动识别恶意服务提供者的欺诈行为，主动区分服务的QoS指标可信度。在服务选取过程中，利用QoS可信度评价结果可以减少候选服务数量，提高服务选取算法的效率。

第5章结合有约束和无约束两种服务选取场景，提出了基于服务使用信息的Web服务QoS约束生成方法，给出了服务选取时的用户行为模型和用户反馈模型，提出了有约束场景下服务选取方法，并在扩展的SOA体系结构下收集、处理用户的约束信息和反馈信息。在无约束的服务选取场景下，统计分析已有的有约束选取行为、反馈信息，自动生成约束条件中的度量指标及指标权重，并把生成的约束信息应用在无约束的服务选取场景下，帮助用户选择合适的QoS指标及权重评价Web服务的质量，从而解决面向领域的Web服务QoS度量过程中的指标选择和权重确定问题。

第6章提出了一种基于约束放松的自适应Web服务选取方法。针对服务选取过程中，没有满足用户约束的服务需要用户重新提交选取的约束条件并再次进行选取的问题，在分布式约束满足问题研究的基础上，提出了对约束条件进行试探性的放松，然后自动对服务选取进行重新规划，选择最接近用户需求的Web服务的模型。该模型降低了用户进行服务选取过程的复杂程度，提高了选取的效率，增加了选取过程的有效性。

第7章对全书研究工作进行了总结，介绍了所取得的成果，并给出了下一步研究的方向。

第2章　Web服务QoS评价技术基础

2.1　Web服务及其体系结构

2.1.1　Web服务定义

W3C对Web服务的定义[21]：Web服务应当是一个软件系统，用以支持网络间不同机器的互动操作。网络服务通常是许多应用程序接口所组成的，它们通过网络（如国际互联网的远程服务器端）执行客户所提交服务的请求。

IBM对Web服务的定义[22]：Web服务是一种新的Web应用程序分支，它们是自包含、自描述、模块化的应用，可以发布、定位和通过Web调用。Web服务可以执行从简单的请求到复杂的商务处理的任何功能。一旦部署，其他Web服务应用程序可以发现并且调用这些已经部署的服务。

Wiki对Web服务的定义[23]：Web服务是一种面向服务架构的技术，通过标准的Web协议提供服务，目的是保证不同平台的应用服务可以互操作。

我国SOA标准工作组给出的Web服务的定义[24]：Web服务是自包含的、模块化的应用程序，它可以在网络（通常为Web）中被描述、发布、查找以及调用。Web服务是一套标准，它定义了应用程序如何在Web上实现互操作。

总之，不同组织或个人对Web服务的定义各不相同，虽然业界对Web服务有着广泛一致的认识，但是却没有形成一个统一的标准定义。综合Web服务的各种定义，可以概括Web服务的定义为：Web服务是一个平台独立的、松耦合的、自包含的、基于可编程的Web应用程序，可以使用开放的XML标准描述、发布、发现、协调和配置这些应用程序，用于开发分布式的、互操作的应用程序。它吸取了分布式计算、Grid计算和XML等各种技术的优点，通过采用WSDL、UDDI和SOAP等基于XML的标准和协议，解决分布式计算的应用问题。

IBM 在发布的红皮书里提出[25]：Web 服务是一个完成单个任务的自包含的软件模块，该模块描述了自身的接口特征，如操作可用性、参数、数据类型和访问协议。基于这些信息，其他的软件模块将能确定该模块能完成什么功能，确定如何调用这些功能及确定可能的返回结果。因此，Web 服务可以用于执行一项特定的任务或一组任务，也可以与其他 Web 服务一起用于实现复杂的聚集或商业交易。

Web 服务是下一代分布式应用的核心技术，具有以下几种特性[26]：

(1) 互访性

Web 服务通过 SOAP 实现相互间的访问。Web 服务可以用任何语言编写，因此开发者不需要更改开发环境就能开发新的 Web 服务，同时还可以在新的 Web 服务中使用已有的 Web 服务，而不必考虑 Web 服务的实现语言、运行环境等具体实现细节。

(2) 复用性

Web 服务的可复用性不仅仅体现在信息的提供上，还体现在对服务的提供上。Web 服务存在于特定的计算空间，外界用户可以通过调用 Web 服务来执行其内部计算单元。

(3) 无状态性

服务交互中，服务调用者只要遵循服务接口规范，为该接口提供需要的参数和操作名，就可以对服务库中的服务进行调用。这里通过 WSDL 协议使服务提供者和服务请求者分开，双方在交互中无须考虑对方的状态。

(4) 可组合性

Web 服务通过某种技术将具有特定功能的业务组件进行封装，通过 WSDL 协议进行自我描述，单个服务的功能较简单时，可以通过与其他 Web 服务进行协作或组合来实现复杂的功能。

(5) 开放性

Web 服务中的协议栈由 W3C 组织维护，该协议以 HTTP 传输协议和 XML 标准为基础，正在被各大软件公司如 IBM、微软等接受并逐步完善。

(6) 便利性

Web 服务供应商提供的开发工具能够让开发者快速创建和部署自己的 Web 服务，降低了 Web 服务的开发费用，同时也加快了开发速度。

2.1.2 面向服务的体系结构

OASIS(Organization for the Advancement of Structured Information

Standards，结构化信息标准促进组织）对面向服务体系结构SOA的定义为[7]：是为组织和运用存在于不同所有者领域的分布式功能所提供的一种软件架构的范例。SOA是一种体系结构模型，允许企业根据自己的业务需求，通过网络对松耦合的不同服务进行灵活的分布式部署、整合和使用。SOA具有粗粒度、松耦合的特性，在该体系结构下，服务之间通过简单、精确定义的接口进行通信，并且不涉及底层编程接口和通信模型。

SOA主要包括三个角色，分别是服务提供者、服务注册中心和服务请求者，如图2-1所示。

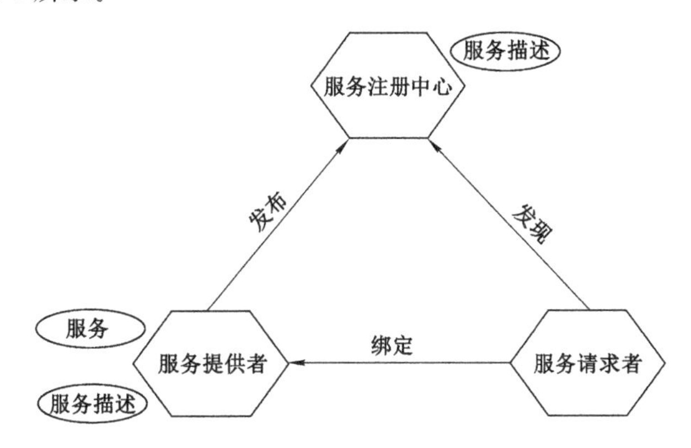

图2-1　面向服务体系结构

服务提供者是提供服务的软件代理，制定Web服务的服务描述并发布到服务注册中心。服务请求者是请求执行服务的软件代理，首先到服务注册中心去搜索满足自身业务需求的Web服务的相关信息，然后根据这些信息与服务提供者进行协商后对其提供的服务进行绑定和调用。

我国SOA分技术委员会对服务提供者的定义为[24]：服务提供者是提供服务的组织、个人及具体实现等实体。在本质上，Web服务提供者是一个可以通过网络寻址的实体，实现了通过服务体现出来的业务逻辑，并将自己的服务和接口契约发布到服务注册中心，以便服务使用者可以发现和访问该服务。服务描述的位置可以根据应用程序的要求而变化。

我国SOA分技术委员会对Web服务的请求者的定义为[24]：服务使用者是使用服务的实体。Web服务请求者可以是一个应用程序、一个软件模块或需要一个服务的另一个服务。它发起对服务注册中心中服务的查询，通过传输绑定服务来执行服务功能。服务请求者根据接口契约来执行服务。

我国SOA分技术委员会对服务注册中心的定义为[24]：服务注册中心是

支撑服务及其相关资源的注册、发布、查找、评估等工作的支撑组件。Web 服务注册中心是服务发现的支持者。它包含一个可用服务的存储库，可以在该存储库中发布和搜索服务描述。服务请求者可以在注册中心中查找服务描述。

2.1.3 Web 服务技术框架

Web 服务技术的核心是基于标准的通信接口，使得应用程序间可以基于标准的因特网协议进行协作，这决定了 Web 服务技术由一系列的标准协议栈组成且受已有标准的约束。Web 服务技术对编程技术和实现平台的要求不高，重要的是实现这些 Web 服务之间的通信，这就决定了 Web 服务的技术要着重规范对软件通信技术的约束。图 2-2 描述了 Web 服务的一个被普遍接受的重要技术框架。

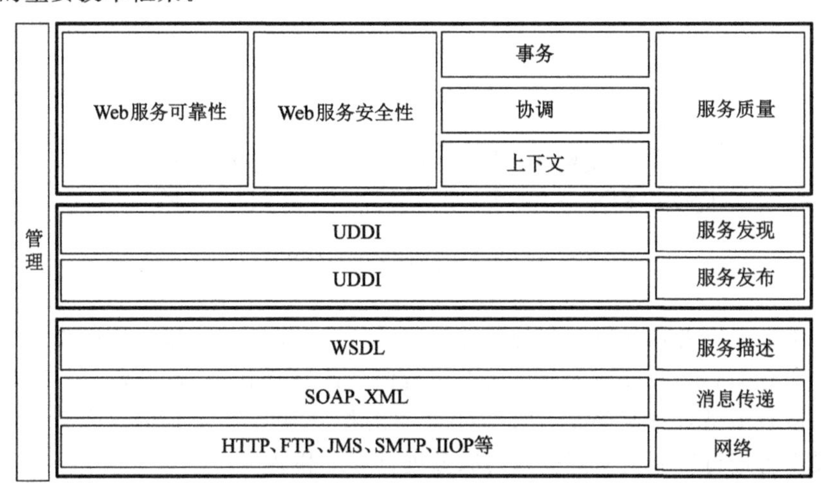

图 2-2 Web 服务技术架构

2.2 Web 服务 QoS

2.2.1 QoS 定义

目前，基于 SOA 的软件架构被广泛部署和应用，当服务提供者竞相为客户提供相似的或相同的服务时，Web 服务不仅需要提供静态的功能性需求，而且需要提供动态的非功能性需求，如服务质量度量、QoS驱动的Web服务选取等。QoS是Web服务的一个必需元素，更是企业与企业、企业与消费者等各类交易中的一个重要条件，在区别服务提供者的成功率方面起着重要的作用。QoS关系到软件设计成功与否，决定着服务的可用性和实用性，影响到服务的普及。这些因素迫使服务提供商提供具有更高质量保证的Web服务，以便获得更强的市场竞争优势，也说明了讨论Web服务的质量属性及其研究现状的必要性和重要意义。

W3C在2003年给出一个Web服务QoS的描述[27]，提出Web服务QoS是SOA框架的组成部分，并给出13个描述Web服务质量的指标，包括性能、可靠性、稳定性、吞吐量、鲁棒性等。

ISO 8402对QoS的定义为[28]：产品或服务满足规定需求或隐含需求的特征和特性的总和。在Web服务业界对此持有不同的观点，以下是三个常见的观点：

(1) 作为功能质量：如果服务能够提供更全面的功能，服务的质量比较高，只能通过与该服务具有相似功能的服务的比较进行度量。

(2) 作为一致性质量：如果服务与规格说明一致，服务质量比较高，可以通过对服务进行单独监控以及服务消费者的经验来衡量承诺与交付是否一致。

(3) 作为声誉质量：与服务请求者的期望和经验相关，如果服务能够持续提供特定功能并保持特定性能，服务的质量比较高，可以通过一段时间内功能质量及一致性质量的情况进行度量。

在上述定义中，忽略了对QoS的定义应该是在广泛的端到端的层面上的，因为当调用一个特定的Web服务时，它影响服务请求者体验到的端到端质量，不考虑用户感知的QoS和服务实际之间的QoS二者之间的差异。实际应用中，Web服务的实际QoS和服务请求者感知的QoS存在一定的差异。Web服务的QoS应该从不同层面多个角度进行分析，如不同用户对同一个Web服务的感知QoS、Web服务的传输QoS、Web服务的发布QoS、Web服务的协商QoS等。

综上所述，定义Web服务的QoS为：在端到端的模式中，从客户端到Web服务端的路径中实体的非功能性属性，这些属性与服务是否满足规定需求或隐含需求相关。在Web服务的生命周期中，QoS属性的值可以变化但不影响服务核心功能的稳定。

2.2.2 QoS 属性

目前的研究中对于 Web 服务质量的评价主要是指对 Web 服务的非功能属性进行评价。不同的研究人员从不同角度对 QoS 属性进行了不同的划分。

(1) Web 服务的 QoS 属性分成两大类:一类是与 Web 服务自身实现相关的内部属性,如性能、可靠性、完整性、可用性等;另一类是与 Web 服务所处环境相关联的外部属性,如服务传输时间、可用性、一致性等[29]。

(2) 按照 Web 服务不同的生命周期,QoS 可分为五种类型:

① 运行时相关的 QoS 属性,包括伸缩性、容量、响应时间、可靠性、可用性、鲁棒性、异常处理和准确性等[30]。

② 事务支持相关的 QoS 属性,如事务完整性等。

③ 部署管理相关的 QoS 属性,如规范性、对标准的支持性、稳定性和变更周期性等。

④ 费用相关的 QoS 属性,如价格。

⑤ 安全相关的 QoS 属性,如身份验证、授权、机密性、统计性、可追踪性、可追溯性、数据加密性、不可否认性等。

(3) QoS 属性从另一角度可分为三类[31]:

① 静态属性,即不常发生变化的属性,如服务规范性和服务安全性等。

② 动态属性,即随着特定环境的变化而相应发生改变的属性,如服务可用性、服务响应时间等。

③ 统计属性,即依据服务运行的历史数据统计而得到的属性,如服务可靠性、服务信誉度等。

(4) 根据 Web 服务质量属性是否具有通用性可以分为:

① 公共 QoS 属性,是指对所有领域的 Web 服务都可以直接应用的属性,是通用的、与领域无关的。

② 领域 QoS 属性,是指与 Web 服务所属领域相关的属性。

常用的服务选择算法是根据服务 QoS 的描述采用多重属性决策方法,该方法可设置各 QoS 属性的权重,将 Web 服务 QoS 选择分为两步:QoS 属性的量化和 QoS 属性的加权。其优点是能兼容现有 Web 服务规范,缺点是可扩展性不强。

在 Web 服务种类划分方法中,研究者提出多种划分方法,并根据不同的划分方法提出多种 QoS 度量方法。比较普遍的划分方法是把 Web 服务 QoS 属性划分为公共 QoS 属性和领域 QoS 属性。

2.2.2.1　公共 QoS 属性

(1) 性能

通常度量性能的指标有两个:响应时间和吞吐量[29]。响应时间是指完成一个服务请求所需要的时间,包括延迟和网络延迟。延迟包括服务执行时间和队列等待时间。吞吐量是指一段时间内完成服务请求的数量。服务的吞吐量越大,响应时间越短,说明服务的性能越好。在用户请求数不稳定的情况下,保证服务的响应时间和吞吐量是非常重要的。

(2) 可依赖性

可依赖性是指一个计算系统提供完全可信的服务的能力[32],它可以通过可用性、持续可用性[33-34]、可达性、可靠性、容错语义[35]、可伸缩性和鲁棒性[30,36-37]等来描述。

① 可用性:是指系统可用的概率。

② 持续可用性:在一段时间内,用户可以无限次访问服务的概率。在这段时间内,服务不能失败且要保持原有的状态。持续可用性与可用性的区别在于它要求在有限的时间段内预测服务的下一次使用成功率。

③ 可达性:在服务可用的情况下,对于某些用户而言却是不可达的(如由于网络连接问题)。

④ 可靠性:在某个特定的时间段内,服务在特定的条件下完成要求的功能的能力,与请求者和发布者之间请求和确认消息的传递有关,通常由 MTBF(Mean Time Between Failure,平均无故障工作时间)来计算。

⑤ 容错语义:是指可能出现的错误类型以及服务如何响应,描述了服务处理错误的总体能力,由错误定义、操作语义、异常处理和补偿组成。

a. 错误定义:描述服务可能出现什么类型的错误,客户端必须能够检测和处理每种类型的错误。常出现的错误有以下几种:错误、遗漏、响应、值、状态、计时、提前、超时。

b. 操作语义:当出现错误时如何处理请求。

c. 异常处理:设计者不可能指出所有的输出和选择,因此要用到异常处理。

d. 补偿:当使用带状态的服务时,取消服务调用产生的影响。

⑥ 鲁棒性:是指当上述错误发生时,服务以一种可接受的方式执行的能力,即当有非法的、不完全的或者冲突的输入时,服务正确响应的程度。

⑦ 可伸缩性:服务提供者的系统提高计算容量,在一段时间内处理更多的操作和事务的能力。

⑧ 容量:在保证性能的前提下,服务最多能够并发处理的请求数量。

(3) 事务支撑相关

与事务相关的 QoS 属性,主要包括完整性和安全性两个方面。

① 完整性:将事务划分为单元,以保证这些事务处理数据的完整性,可以描述为 ACID(Atomic、Consistent、Isolated、Durable)特性,即原子性、一致性、隔离性、持久性。通常可以用两阶段提交(Two-Phase Commit)来保证运行在紧耦合系统中分布式事务的 ACID 特性,但是在 Web 服务环境下实现起来更困难[38-39],这是因为事务可能有不同的参与者,而且可能会经过很长一段时间(Long Running Transactions,LRT),因此 Web 服务中的完整性可能需要不同的机制。

② 安全性:随着越来越多的服务部署在 Internet 上,安全性越来越受到关注。针对不同的请求者,服务提供者可能提供不同的方法和安全策略级别。服务的安全性主要包括:认证、授权、保密性、完整性、可跟踪性、数据加密、不可抵赖性和安全[37,40]。

a. 认证:用于确认一次会话中潜在的参与者能够代表某个人或组织。

b. 授权:通过适当的访问控制信息,确定一个对象是否有权限访问特定的资源,如某个服务。通常的情况是在认证的前提下,授予对象不同的访问权限。

c. 保密性:不存在未授权的信息泄露。

d. 完整性:不存在不正确的系统状态改变,包括偶然的或恶意的信息交互或删除。

e. 可跟踪性:服务可以被监控,并能通过安全可靠的方式产生审查跟踪事件,使得事件序列可以被检查和重构。安全事件可以包括认证事件、策略执行决策等。审查跟踪的结果可以用来检测攻击、确认与策略的一致性、阻止滥用等。

f. 数据加密:指为了防止数据被恶意访问而采用的加密算法。

g. 不可抵赖性:向发送者证明数据已经发送,向接收者证明发送者的身份,使得无论是发送者还是接收者都无法否认发送和接收数据的操作的方法。

h. 安全:不会对用户和环境造成灾难性后果。

(4) 配置管理相关

配置管理相关的 QoS 是指影响服务执行功能的配置方式[41]或者描述在服务生命周期中承诺的功能及质量级别是否被交付的质量属性,包括服务级别、完善性、稳定性和声誉。

① 服务级别：提供给用户或者应用程序的QoS承诺。

② 完善性：描述的特性（如功能）与实现的特性的差异。

③ 稳定性：服务的界面或实现修改的频率。

④ 声誉：服务的可信赖性的一种度量，取决于终端的用户对服务的使用经验，不同用户对同一服务的评价不一定相同，通常将声誉定义为用户对服务评价的平均值。

(5) 网络和设备相关

网络通常用来连接服务和请求者，并发送请求（瞬间的或持续的）和接受返回结果。网络参数[40-42]会影响其他质量属性分组中的质量参数的值，如响应时间和可用性。在所有的研究方法中，四个常用的网络质量参数分别为带宽、网络迟延、迟延改变和分组损失。

① 带宽：在时间间隔 t 内，探测网络服务而收集的带宽样本的平均值。

② 网络延迟：当客户端和服务器交换数据时，传输花费的毫秒数，它包括一个请求响应事务中所有分组的传输时间。

③ 延迟改变：由网络传输时延变化所引起的分组之间到达时间的变化，也称为抖动。

④ 分组损失：在时间间隔 t 内，探测网络服务而收集的分组丢失样本的平均值。

另外一个能直接或间接影响服务质量的实体就是设备。设备描述了服务的执行环境，目前标识出了三个QoS属性：服务器失败、保证消息需求和安全级别。

① 服务器失败：服务器失败的方式包括是否会无限期停止、在一个定义好的初始状态重启、回滚到上一个检查点重启三种。

② 保证消息需求：服务保证消息顺序及持久的能力。

③ 安全级别：在消息或传输级别描述安全是否有保障。

(6) 费用

由于费用与服务的功能性和非功能性属性都相关，因此有些研究认为费用是与服务质量正交的服务属性，但是大多数研究认为费用是服务质量属性[33,43-45]。而且，很多研究者在服务选取阶段使用费用属性选取最好的服务。费用是组合质量属性，由费用模型、固定费用、变动费用三个原子质量属性构成。费用模型定义了将服务转换为费用的函数，固定费用是提供服务的总体费用中的固定数额，变动费用是在提供服务时在固定费用基础上的变动数额。

(7) 其他

其他即为不属于上述任何分类的质量属性，包含的属性之间可能没有任何关联。目前只考虑了一个质量属性——支持标准，用来表示服务与标准是否一致，它可以影响服务的可移植性以及和其他服务或应用的互操作性。

2.2.2.2　领域 QoS 属性

随着 SOA 在越来越多的行业领域得到应用，Web 服务呈现出越来越明显的领域特征，因而相应的 Web 服务的评价就不能仅仅局限在对于公共属性的度量上面，而是涉及多因素、多专业、多领域，且这些因素、专业、领域也是变化发展的。领域属性不同于公共属性，具有一定的规范，早在 2003 年 W3C 就给出了 Web 服务 QoS 的一些常用属性，并描述了这些公共属性的定义。领域属性却是因领域而异的，不同领域的 Web 服务的度量指标不同，重要性也不同。所以对于领域属性的评价来讲，更容易引入人的主观因素，会因人、因时、因环境而异，同时，评价者的背景、理解能力以及个人偏好等因素都可能影响评价结果的公正性和准确性。虽然在评价的过程中主观性的存在不可避免，但可以通过建立一套体制，不但能将 Web 服务的多样性全面考虑，而且又能将评价的主观性降至最低。

目前，对 Web 服务 QoS 属性的研究主要集中在对公共属性的度量方面，忽略了领域相关的 QoS 属性。在服务的评价中，领域 QoS 属性主要与服务的业务内容、服务上下文以及服务供应商相关。对于某些 Web 服务，领域属性是服务请求者评价和选取 Web 服务的重要指标，有时甚至比公共属性更加重要，如一个计算加法服务的精确度。Web 服务的领域属性不同于公共属性，不同的 Web 服务具有不同的领域 QoS 属性集合，没有办法将其领域属性像公共属性那样一个一个列出来，并对其进行分类，这就给考虑领域 QoS 属性的服务评价带来了困难。因此，对于服务的领域属性，必须对不同类的服务分别进行分析，得到其相对重要的领域属性指标以及对应指标在服务评价过程中的权重。在评价指标是否重要时，可以从领域专家的意见以及服务使用者的需求这两个方面进行综合考虑。

2.2.3　QoS 应用

2.2.3.1　基于 QoS 的服务发现

随着对服务架构 SOA 研究的不断深入，软件开发正逐步从相对封闭、面向熟识用户群体和相对静态的形式向开放的、公共可访问的和动态协同的服务模式改变[46]。服务作为封装企业业务资源的载体，用于实现企业资源重用，快速构建业务应用系统。而面对网络上大量的服务资源，如何快速准确地找到“基于应用需要的参数发现和选择适合服务”[47]，是目前该领域研究的热点问题。

服务质量描述了一个产品或服务满足消费者需求的能力。文献[48]在现有的UDDI服务上进行扩展，提出了一种支持QoS约束的Web服务发现模型(WSDM_Q)，模型定义了一组描述Web服务QoS及信誉度的分类(tModel)，引入了QoS量化的概念，采用了QoS协商和反馈机制，支持携带QoS描述信息的服务发布和基于QoS约束的服务发现。文献[49-50]从宿主结点、服务以及方法三个维度对Web服务进行QoS建模，基于该QoS模型，设计了服务选择模型，细化了用户的QoS需求层次；提出了服务效能的概念和量化方法，进而利用服务效能对服务选择模型中的候选服务集进行排序，输出排名最高的服务；提出了基于扩展Kautz图和Bloom Filters理论的服务分布式发现技术。文献[51]认为可信是构建网络上的用户进行协同计算的基础，基于这种思想，提出了一种形式化规约用于验证真实的Web服务实现，采用Stream X-Machines(SXMs)作为形式化建模工具构建Web服务的行为规约，对生成的测试用例进行验证，对服务选取过程的模拟或者模型检测进行验证。

2.2.3.2 基于QoS的服务组合

随着对Web服务技术应用的推广，研究工作已从早期的研究如制定SOAP、WSDL与UDDI等Web服务定义、接口、查找以及松散耦合异构环境下的远程调用与通信等基础问题演化到大规模商业集成应用阶段，更加关注服务重用与合成等复杂问题[52-53]。如何重用已有服务，并通过自动化、可管理方式进行组合生成新的应用满足用户的动态需求，成为工业界和学术界共同关心的问题。

文献[44]率先指出了Web服务组合领域的关键问题：QoS建模、QoS驱动的Web服务组合以及动态的开放环境中组合服务的执行。设计与开发了一个支持QoS驱动服务组合的中间件平台“AgFlow”，定义了一个多维的QoS模型，提出了QoS驱动的服务选取方法和自适应的执行引擎，为Web服务组合领域研究的关键问题奠定了良好的基础。

文献[54]考虑到服务组合系统在发现、选取和执行阶段需要适应不断变化的情况，提出QoS和情况感知的服务组合系统，用于更好地满足用户的功能性和非功能性需求，设计和实现了一个服务组合系统原型SMICE。

文献[55]在不影响现有结构和语言的基础上，对组合服务语言BPEL增加QoS管理的功能，提出了一种基于策略的语言“QoSL4BP”(Quality of

Service Language for Business Processes)，设计和实现了支持该语言的平台 ORQoS (ORchestration Quality of Service)，用以监控组合服务的执行过程，处理用于激活 QoS 机制管理、SLA 协商和 QoS 例外处理的策略。上述服务组合方法都很少考虑 Web 服务的随机性和 Internet 环境的动态性，对服务选择过程中产生的规划都是静态规划。

文献[56]针对上述问题，提出了 Web 服务各随机 QoS 指标的度量方法和自适应 QoS 管理体系结构，并利用随机型离散事件系统的动态控制方法——马尔可夫决策过程(MDP)，设计出随机 QoS 感知的可靠 Web 服务组合算法。

2.2.3.3 基于 QoS 的服务选取

随着 Web 服务在业界应用范围的扩大，网上可用的 Web 服务数量越来越多。从众多具有相似功能的服务中选取其中满足用户需要的 Web 服务，指的是 Web 服务选取问题，又称为 Web 服务选择。Web 服务选取首先需要对服务进行评估，评估的主要依据是不同的 Web 服务具有的服务质量(QoS)，根据 Web 服务质量的评价进行 Web 服务选取。现有的 Web 服务选取主要是指基于 QoS 的服务选取。

基于 QoS 的 Web 服务选取以满足用户的 QoS 需求为出发点，首先由用户对服务的 QoS 提出需求，作为服务选取的约束条件。由于 Web 服务的 QoS 属性指标是不确定的，并且每个用户对每个 QoS 属性指标的关注程度不同，服务选取问题的规模会随着候选服务数量的增多而无限扩大。目前的服务选取研究主要解决 QoS 模型的定义和服务选取算法的设计。

(1) Web 服务的 QoS 模型实质上是服务质量的评价模型，该模型对 Web 服务 QoS 度量指标进行描述，并提供基于度量指标的服务质量评价方法，评价结果为 Web 服务选择提供依据，体现了用户对 Web 服务的满意度以及个性化要求，是 Web 服务选择的标准，也是本书的研究重点。

(2) 基于 QoS 的 Web 服务选取算法从现有的研究来看，主要分为以下四类：

① 直接搜索

直接搜索即穷举搜索，使用穷举法遍历组合服务可能的所有路径，这种方法的优点是可以遍历所有可能路径，缺点是速度较慢，只适用于 Web 服务数量较少的情况。

② 启发式搜索

考虑到采用直接搜索法速度慢且要求空间较大，在搜索时加入启发式策略以加快搜索速度，文献[57-58]在选取中采用了这种方式，如果在选取中选择适当的启发策略，能够在较短的时间内获得最优解。但是由于过多依赖启发策略，算法的稳定性和通用性不强。

③ 整数规划

文献[44,59]提出将整数规划组合应用到服务选取中，建立一种服务组合的全局优化模型，将问题转化为完全的 0-1 整数规划问题。针对现有的方法只能在多项式时间内找到问题的满意解，研究者提出了局部优化和全局优化算法，以适用于不同的场景。在整数规划求解中，使用局部优化算法计算量较小，但是无法从全局对 QoS 约束进行考虑；全局算法可以从全局考虑 QoS 约束，但是计算量大。

④ 遗传算法

遗传算法是模拟达尔文的遗传选择和优胜劣汰的生物进化过程的一种计算模型，针对不同的问题采用不同的二进制编码方式，通过模拟自然进化的过程寻求 Web 服务组合的最优解。基于 QoS 的服务选取中遗传算法的编码要反映服务的组合情况及路径信息，文献[60-62]利用遗传算法确保服务选择结果能够满足约束性条件，以组合服务 QoS 为目标函数，进行多次迭代，寻找最优解。

上述采用的服务选取方法，都是在用户提出非功能性需求的情况下提出选取模型和算法，当用户只是提出服务的功能性需求时，这些方法和策略应用于基于 QoS 的服务选取比较困难。

2.3　本章小结

Web 服务质量评价贯穿 Web 服务研究领域的服务发布、发现、绑定、调用等整个生命周期。从研究内容上来讲，服务质量的评价主要应用于服务发现、服务选取及组合等。Web 服务质量评价的最终目的是通过某种策略，使得用户获取满足需求、高质量的 Web 服务。其中，不同领域的 Web 服务质量的评价方法不同，如何满足面向领域的 Web 服务 QoS 评价是目前主要的研究问题。

本章介绍了 Web 服务 QoS 评价领域的基本知识，包括 Web 服务的定义、面向服务的体系结构、QoS 定义、QoS 属性及 QoS 应用等，是本书研究工作的基础。

第 3 章 面向领域的可扩展服务 QoS 模型

在 SOA 体系结构中，服务提供者将服务信息注册在 UDDI 中，服务使用者根据自己的功能性需求在 UDDI 中查找服务，查找到满足需求的服务后绑定调用。当 UDDI 中同样功能的服务越来越多时，如何帮助服务使用者面对众多服务选取一个质量更好的服务成为研究的热点问题。目前在 QoS 方面的研究工作主要包括以下几个方面：QoS 模型定制[63]、QoS 属性度量方法的研究[44]以及基于 QoS 的服务选择和组装方法的研究[55-58]等。

在 QoS 模型的定义中，W3C 在 2003 年给出的 Web 服务 QoS 属性应包括性能、可用性、可靠性、可达性、完整性、规范性、正确性、鲁棒性、安全性等方面的需求，并描述了这些属性的定义[27]，研究者普遍以该标准为依据给出多种对 Web 服务的 QoS 属性及度量方法。文献[64]提供了关于 Web 服务 QoS 方面的一些观点，认为 Web 服务的 QoS 应该是 Web 服务质量和 Web 服务属性的结合，包括了可用性、安全性、响应时间、吞吐量等。文献[44]提出的 Web 服务 QoS 属性包括了 Web 服务价格、执行时间、信誉度、执行成功率、可用性。文献[65]认为 QoS 属性应该由包括价格、可用性、可靠性、信誉度等在内的许多非功能属性组成。文献[66]提出了安全性 QoS 属性，它包括机密性、真实性、完整性等多个方面。

上述研究的不足之处在于，Web 服务 QoS 除了所有服务都应具有的这些公共属性外，忽略了面向领域的 Web 服务评价应具有一定的特殊性。首先，在评价过程中，评价的指标范围更广，不仅应该包括通用的 QoS 属性，还应该包括面向领域的 QoS 属性，如一个订机票的服务除了有价格等通用的 QoS 属性外，还应该包括折扣、飞机预测晚点率等面向领域的 QoS 属性。其次，对面向领域的 QoS 属性评价需要具有一定的领域知识，某些情况下还需要借助于其他领域的 QoS 属性，如飞机晚点率的计算会跟天气预测概率的计算相关，对这类属性进行评价和分析时需要通过领域专家给出评价规则。

本章提出一个可扩展的 QoS 模型，把 Web 服务 QoS 分为通用属性和领域属性，在模型定义完毕后，通用属性基本不发生变化，领域属性又按照不同的应用领域分成若干子领域；最后一层定义的是在该子领域下定义的 QoS 评价指标。该模型支持面向领域的 QoS 指标的定义和扩展。在扩展 QoS 模型的基础上，定义了面向领域的三维服务 QoS 评价框架，对传统的 SOA 体系结构进行扩展，使得该模型支持 QoS 信息的管理和 QoS 驱动的 Web 服务选取。

3.1　可扩展的 QoS 模型

随着服务应用领域的不断深入和扩大，新的面向领域的 QoS 属性不断随之出现，需要定制一个 QoS 模型以满足扩展的需求。因此，本节提出一个面向领域的多维可扩展的 QoS 模型，如图 3-1 所示。在 QoS 模型的第一层上分为通用的和面向领域的两类，面向领域层次下可以按照领域进行划分，领域下面包括多个子领域，子领域还可以嵌套子领域，子领域下也可以包含 QoS 属性，每个属性都归类到一个子领域下，每个属性可以与一种或多种度量方法绑定。

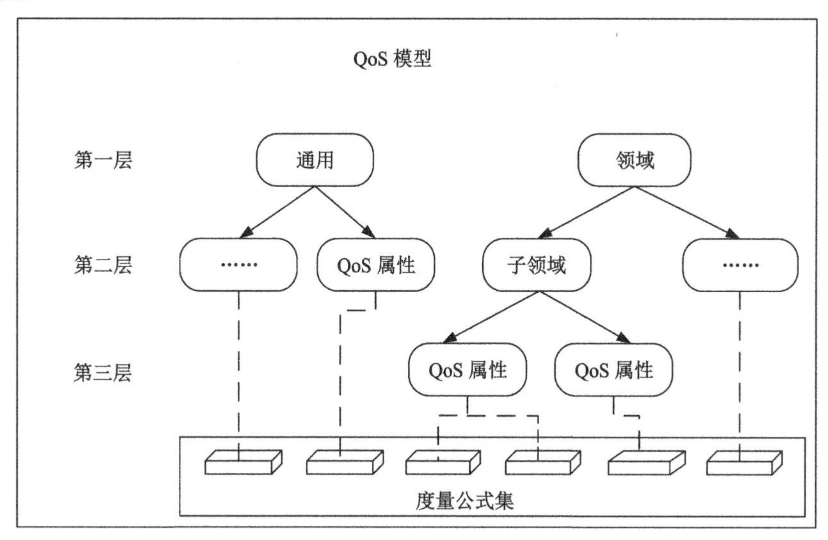

图 3-1　可扩展的 QoS 模型

【定义 3-1】　扩展的 QoS 模型。扩展的 QoS 模型用一个四元组表示：

$$exQM = < Type, SubDomains, AttrSet, ValueSet > \tag{3-1}$$

（1）Type 表示第一层的类型，$Type \in \{Common, Domain\}$ 表示 Type 只有通用和领域两种值。

(2) 当 Type＝Common 时，SubDomains＝φ；当 Type＝Domain 时，SubDomains 是由三元组＜SubDomainID，SubDomainFID，SubDomainName＞组成的集合，其中 SubDomainID 是该子领域的 ID 号，SubDomainFID 是该子领域的父结点的 ID 号，SubDomainName 是该子领域的名称。

(3) AttrSet 是由三元组＜FID，Attributes，MetricSet＞组成的集合，其中 FID 表示该属性对应的父结点的 ID 号；Attributes 是由二元组＜AttrID，AttrName＞组成的集合，其中 AttrID 是该属性的 ID 号，AttrName 是该属性的名称；MetricSet 是由三元组＜MetricID，MetricName，ComputingRules＞组成的集合，其中 MetricID 表示度量方法的 ID 号，MetricName 表示度量方法的名称，ComputingRules 表示度量的计算公式。

(4) ValueSet 是由五元组＜VID，Context，MetricID，Value，Unit＞组成的集合，用来表示属性在具体场景下的取值情况，其中 VID 是属性的编号，Context 是计算的场景描述，MetricID 是度量方法的 ID，Value 是计算的属性值，Unit 是属性值的单位。

本书中给出的扩展的 QoS 模型，主要包括通用 QoS 属性和面向领域的 QoS 属性两大类，下面将具体介绍本书主要考虑的两类属性指标和指标的具体计算方法。

3.1.1 通用 QoS 属性

(1) 执行时间(time)

服务 s 执行一个任务 t 的时间用 $Q_{\text{time}}(s,t)$表示。执行时间的计算从服务提供者和服务使用者两个不同角度进行度量时有所差异。

① 对于服务提供者来说，执行时间 $Q_{\text{time}}(s,t)$表示服务 s 接收到请求后，处理这一请求向请求方返回结果的这段时间，也可以表示为服务处理时间，即：

$$Q_{\text{time}}(s,t)=T_{\text{process}}(s,t) \tag{3-2}$$

一般情况下，服务提供者提供的这一值应该是多次进行测量后的平均值，并且与提供服务的执行环境、服务当前运行的并发数密切相关。

② 对于服务使用者或者监控软件来说，执行时间表示服务使用者发出请求，服务接收到请求进行处理后返回结果，服务使用者接收到结果的这段时间，除了服务的处理时间 $T_{\text{process}}(s,t)$，还需要加上请求服务和返回结果的消息传输时间 $T_{\text{trans}}(s,t)$，具体的计算公式表示为：

$$Q_{\text{time}}(s,t)=T_{\text{process}}(s,t)+T_{\text{trans}}(s,t) \tag{3-3}$$

从式(3-3)可以看出,从服务使用者角度计算的执行时间还与服务提供者及使用者当前所处的网络环境等因素相关。

(2) 代价(cost)

由服务提供者直接发布,或者服务提供者提供一种查询方式可以查找费用。服务 s 执行一个任务 t 的执行代价 $Q_{cost}(s,t)$ 表示服务使用者在执行该任务 t 时需要付出的成本。

(3) 可靠性(reliability)

可靠性表示服务使用者的一个请求在最大期望时间内能够被正确处理的概率,表示满足用户需要的可能性,可以通过成功执行次数与服务被调用的次数之间的比值来确定,具体的计算公式表示为:

$$Q_{reliability}(s) = N_{success}(s,t)/N_{sum}(s,t) \tag{3-4}$$

式中,$N_{success}(s,t)$表示在时间间隔 t 范围内服务被成功调用的次数,$N_{sum}(s,t)$表示在时间间隔 t 范围内服务被调用的总次数。可靠性的测量是与服务执行时的硬件和软件的配置环境以及服务提供者与服务使用者之间的网络连接密切相关的。

(4) 可用性(availability)

可用性表示服务可访问的概率,可以从调用时间的角度进行计算,具体的计算公式表示为:

$$Q_{availability}(s) = T_{availabilty}(s)/\theta \tag{3-5}$$

式中,$T_{availabilty}(s)$表示在 θ 时间内服务 s 可用的总时间。

也可以从调用次数的角度进行计算,具体的计算公式表示为:

$$Q_{availability}(s) = N_{availabilty}(s)/N \tag{3-6}$$

式中,$N_{availabilty}(s)$表示在 N 次总调用次数中服务 s 可用的次数。

(5) 信誉度(reputation)

服务 s 的信誉度 $Q_{reputation}(s)$表示服务使用者对服务可信赖性的度量,主要来自服务使用者使用服务后的经验反馈,是一个主观值。

3.1.2　面向领域的 QoS 属性

面向领域的 QoS 指的是属于某个特定领域的 QoS,如订票领域的 QoS 就有预测晚点率、登记率、机票折扣、机票价格等属性,订房领域的 QoS 就有入住率、地理位置优越性、客房服务等属性,科学计算领域的 QoS 就有计算误差率、计算精度等属性。

面向领域的 QoS 属性和通用 QoS 属性一样,在服务质量的评价中都占有重要地位，需要能被准确地评价。例如，在请求一个飞机订票服务的时候，服务请求者通过 Web 页面查找服务，在查找的同时，不同网站的网络性能可能有所不同，但是在网络越来越发达的今天，不同网络服务的网络属性区别不是特别明显。仅仅通过对一些通用属性对不同的订票服务质量进行评价，已经无法对服务的优劣进行准确的区分。服务请求者在对飞机订票服务中，更需要得到的信息是晚点率、折扣率、价格、机舱大小等面向领域的 QoS 属性，以此作为依据用来判断服务质量的优劣。因此，面向领域的 QoS 属性的重要性在服务质量的评价中越来越突出。

此外，在面向领域的 QoS 属性中，属性和属性之间可能会存在相互依赖关系[58]，不能忽略它们彼此之间的关联关系。例如，飞机订票领域的面向领域的 QoS 属性——预测航班晚点就与天气预报领域和机场领域相关，可以通过如下的公式进行计算：

$$\text{预测晚点概率} = \text{历史晚点率} \times (1 - \text{气象预报准确率}) \tag{3-7}$$

面向领域的 QoS 属性由于服务所在的领域不同会存在着较大的差异，考虑到篇幅问题，在此不再一一赘述。

3.2 面向领域的三维服务 QoS 评价框架

Web 服务的 QoS 属性包括通用属性及领域属性，服务提供者在提供发布 QoS 信息的时候需要提供 Web 服务的通用 QoS 指标信息及领域 QoS 指标信息。不同领域的 Web 服务，其领域指标也各不相同，因此需要具有领域知识的业务专家事先定义好业务规则。同时，还要考虑到不同的 QoS 指标可以通过不同的方式获取，比如 Web 服务的价格，只能通过服务发布者提供，服务的可访问性则只能通过监控系统进行测试获得等。对同一个 Web 服务，不同来源的 QoS 数据具有不同的业务规则，其区别主要体现为 QoS 属性指标的不同，所以在进行 QoS 信息获取的时候，需预先制定业务规则。

面向领域的三维服务 QoS 评价模型由发布 QoS、反馈 QoS、监控 QoS 共同组成，这三者共同组成了存储 QoS，下面分别给出它们的定义。

【定义 3-2】 发布 QoS。一个服务的发布 QoS 定义为：

$$pQoS = < cQoS, dQoS, SLAN > \tag{3-8}$$

式中，cQoS 为服务的通用 QoS 描述集，描述服务的通用 QoS，如价格、时间、最大访问量；dQoS 为服务的特殊 QoS 描述集，描述面向特定领域服务的 QoS，对于一个提供加法运算的服务可能的特殊属性包括计算结果的小数位、误差率、最大计算级别等；SLAN描述服务发布者所在的网域。

【定义3-3】 反馈QoS。一个服务的反馈QoS定义为：

$$eQoS = < uData, Time, eData > \tag{3-9}$$

式中，uData是服务使用者的信息；Time是获取反馈数据时间；eData是获取的反馈信息数据值。

【定义3-4】 监控QoS。一个服务的监控QoS定义为：

$$mQoS = < Monitor, Time, mData > \tag{3-10}$$

式中，Monitor是监控软件的信息；Time是获取监控数据时间；mData是获取的监控信息数据值。

【定义3-5】 存储QoS。一个服务的存储QoS定义为：

$$sQoS = < pQoS, mQoS, eQoS > \tag{3-11}$$

式中，pQoS是指服务的发布QoS，该部分信息由服务提供者在发布服务的时候提供；mQoS是服务的监控QoS，该信息由Web服务执行代理（Web Service Broker，WSB）提供；eQoS是服务的反馈QoS，该数据由用户、服务调用代理系统或者日志系统提供。

3.2.1 服务QoS获取

（1）发布QoS获取

发布QoS是在服务注册的时候由服务提供者提交的，服务提供者可以把QoS信息写入Web服务WSDL文档中，也可以通过WSB提供的服务注册功能输入QoS信息。发布QoS的过程如图3-2所示。

图3-2中主要部分功能如下：

① 制定业务规则：制定业务规则阶段的任务是针对不同类型的Web服务制定不同的发布QoS业务规则，形成适用不同领域的Web服务的发布QoS的业务库，解决不同类型、领域的Web服务QoS指标不同的问题。业务规则库实际是定义不同类型、领域的Web服务发布QoS属性指标信息及这些指标信息的重要程度，并最终把这些数据保存在业务规则库中。

② 服务注册与发布：服务注册与发布阶段的任务是由服务提供者提供Web服务的功能性及QoS的描述信息，主要包括服务的基本描述信息、功能描述和服务提供者可以提供的QoS指标描述信息，并把它们保存到相应的数据库中。

③ QoS业务规则匹配：QoS业务规则匹配阶段的任务是根据用户需要注册的Web服务类型和领域等选择适合的发布QoS业务规则，服务提供者在

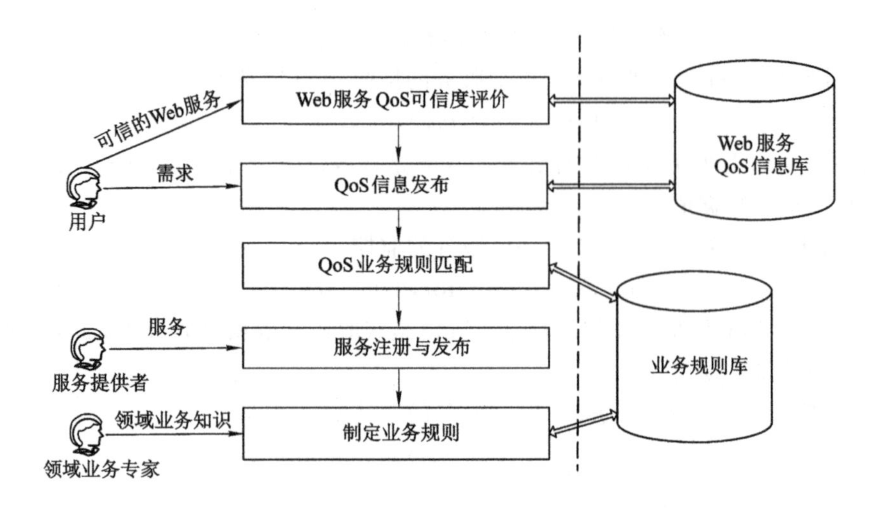

图 3-2　发布 QoS 获取过程

发布 Web 服务前应该完成对所发布 Web 服务的类型和领域的定义，从而在业务规则库中获取正确的发布 QoS 规则，并根据获得的规则正确提交 QoS 相关数据。

④ QoS 信息发布：QoS 信息发布阶段的任务是根据用户提交的 QoS 信息进行规则性验证，并存储到 QoS 信息库。由于 QoS 信息库将保存发布 QoS、监控 QoS 及反馈 QoS 等信息，所以对于发布 QoS 需要进行区分并进行数据有效性的验证。

⑤ Web 服务 QoS 可信度评价：QoS 可信度阶段的评价任务是根据 QoS 信息库里保存的发布 QoS、监控 QoS 及反馈 QoS 之间的相似程度(差异程度)，对 Web 服务 QoS 信息的可信度进行评价。

(2) 监控 QoS 获取

Web 服务的 QoS 监控有一些特殊要求，在可选取的服务集合中，服务是动态发现和可调用的，这意味着与服务提供者和请求者的行为具有一定的动态响应特性。QoS 指标的多样性也给监测的设计带来了一定的困难。一些 QoS 指标对所有用户和服务提供商来讲都是比较熟悉的，比如响应时间和可用性。但是，特定领域的 Web 服务 QoS 指标，如搜索引擎查询精度、语音 IP 电话质量，必须以个案方式来处理。这个监控指标的数量变化特性使得监控架构要高度灵活，而 Web 服务的组合问题使得服务质量监控进一步复杂化，因为一个指标也许是多种服务组合的结果，比如一个组合 Web 服务的可访问性,是由其多个组成成员Web服务的可访问性共同决定的。基于以上原因,Web服务的质量监控应该是一个复杂的过程,需要考虑到Web服务的领域指标、组合服务的指标、网络影响因素等问题。图3-3给出了一个监控QoS的获取过程。

图3-3中主要部分功能如下:

① 监控层包含基于单个服务规则的监控和基于组合服务规则的监控。Web服务监控动作首先要从业务规则库中获取监控的方法及策略,服务的监控方法及策略是具有领域知识的领域专家预先制定的。

② 业务层主要包含业务规则的制定。不同类型和领域的Web服务所具有的QoS属性指标各不相同,在制定Web服务监控指标的同时要定义监控策略,如对于Web服务的可访问性指标,可以在一周时间内定义监控30次,用成功的比率作为其可访问性值。另外,还要考虑时间因素的影响,时间越长的监控数据其价值越低。

③ 评估层主要是指监控数据分析。由于网络和监控系统本身等影响因素,在获取监控数据后需要对获取的监控数据进行有效性、完整性分析。在网络因素方面,对于明显不符合实际的数据需要排除;在监控系统本身方面,需要考虑到不同监控系统和被监控服务存在于不同网络环境下对监控结果的影响,在评估层需要把自己的网络性能作为影响监控结果的因子带入最终监控结果的计算中。

④ 管理层主要是指监控管理,监控管理是对其他三个层次的管理过程。对于监控层,监控管理可以控制监控的强度(频率)、指标的多少等,如果对Web服务同一指标存在多种监控策略,监控管理可以控制在固定的时间段内选择哪种监控策略,比如在某些Web服务使用率较高的时候,就减少监控次数,从而减少服务监控对服务质量的影响;对于业务层,监控管理可以控制领域专家提供的监控指标和策略,从而选择最适合的监控项目;对于评估层,监控管理决定通过何种算法计算被监控项的最终结果,一个简单的例子:对于可访问性的监控,存在两种策略,一种是每周监控30次,另外一种是一个月监控100次,那么监控管理可以决定采用哪种监控结果计算最终值。

(3) 反馈QoS获取

反馈QoS来源于Web服务的使用者,主要包括两种类型,一种是自动反馈的,另一种是用户提交的信息。Web服务调用者可以是用户,也可以是另外一个Web服务或者软件系统。如果是用户,那么反馈QoS由两部分组成,一部分是系统自动获取的,如果一个用户调用Web服务成功,则自动生成一

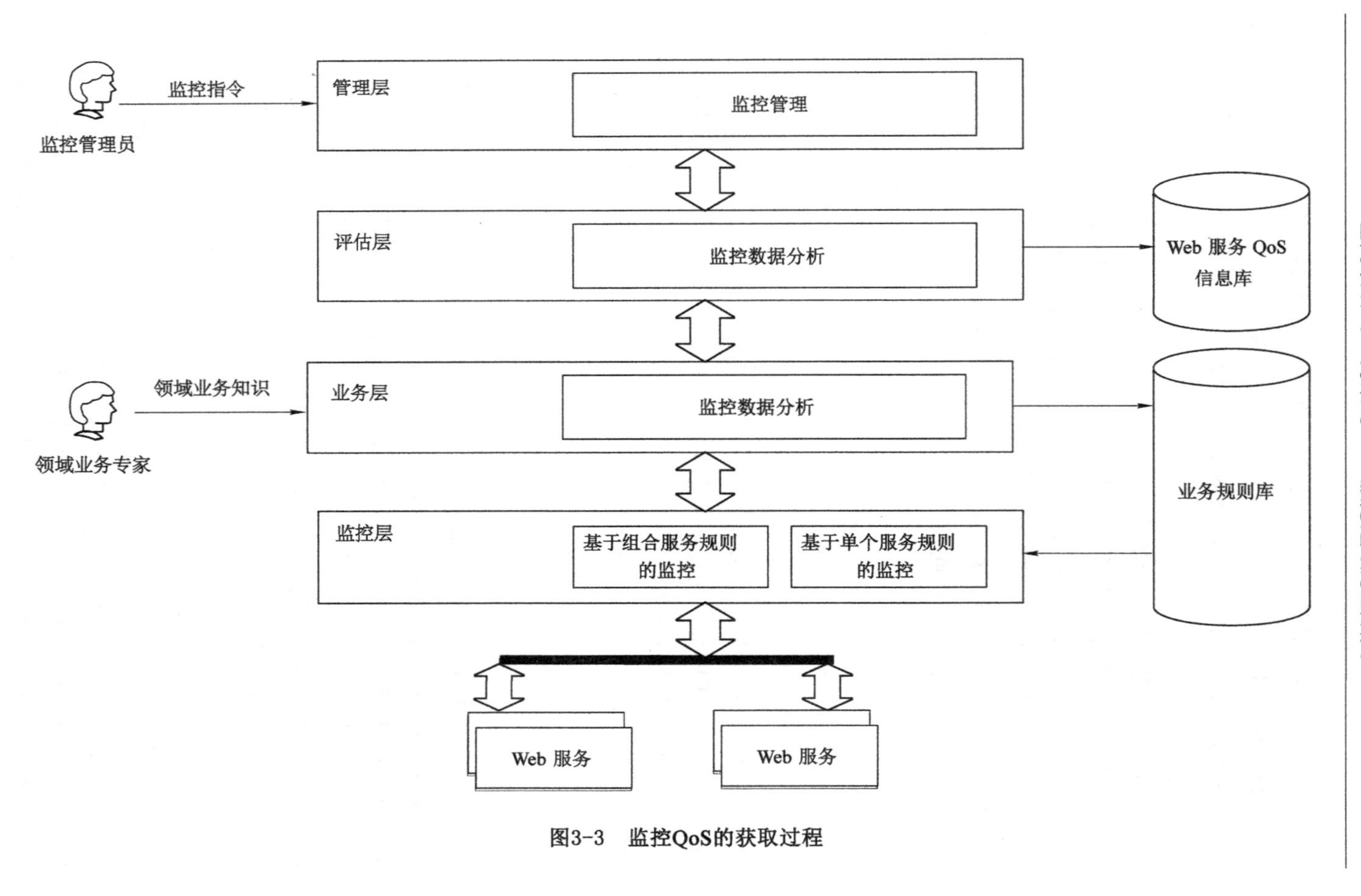

图3-3　监控QoS的获取过程

次访问成功的反馈信息;另一部分是需要用户参与的反馈信息,用户在使用 Web 服务后,可以根据相应的业务规则对所使用的 Web 服务的速度、功能完备性、易操作性等指标进行反馈。如果服务调用者是另外一个服务,由于没有用户参与,那么反馈信息的组成只包括自动获取部分。

3.2.2　服务 QoS 计算

3.2.2.1　单个服务 QoS 计算

单个服务的 QoS 属性是从服务发布、服务使用、服务反馈等多个阶段收集到的,为了提高度量的可靠性,在进行计算之前,对由多个集合组成的数据进行清洗,排除干扰数据。比如对同一个服务的响应时间在一段时间内进行 10 次监控,监控获得的结果集为＜230 ms,240 ms,250 ms,260 ms,290 ms,280 ms,245 ms,250 ms,350 ms,1 900 ms＞,如果采用取平均值的方法作为服务响应时间的结果,很明显,第 10 次的监控数据并不适合作为有效数据。在这种情况下,需要对结果集进行预处理,提出的处理机制包括如下几个步骤:

(1) 去掉特殊值

特殊值是指在结果集中和其他数据存在巨大差异或者不在同一个数量级的不符合常理的数据。这样的数据的产生可能是由数据收集方自身原因所造成的。比如,同一个服务监控软件对同一个服务的响应时间进行 1 000 次监控,获得的监控结果可能存在极大差异的数据,这可能是监控软件所在的服务器的原因造成的,对这样的值,本书提出一种处理机制:

对于一个服务 u 的第 i 个 QoS 属性值 m 次的结果集 $sm_{ui}=(x_1,x_2,x_3,\cdots,x_m)^{\mathrm{T}}$,先求出各评价指标 x_i 的最大离差 r_i,即:

$$r_i=\max\{|x_i-x_j|\}\quad(i\neq j,j=1,2,\cdots,m)\tag{3-12}$$

再求出 r_i 的最大值,即令:

$$r_0=\max\{r_i\}\quad(1\leqslant j\leqslant m)\tag{3-13}$$

则可以删除 r_0 所代表的指标。每执行这样的操作一次,可以删除结果集中的一个特殊值(超大或者超小)。

这种方法的时间复杂度为 n。如果结果集较多,则可以通过重复选择 r_0,把结果集限定在一定的数量内。

(2) 去掉旧的值

一个服务可能存在多个检测结果值,在度量结果集的合理性上,最近的结果更能代表服务的现实运行状况,可以选择最近的若干次检测结果作为度量的基础。这种方法实现简单，具有一定的代表性。

(3) 按照时间段分类

一个服务的 QoS 可能和时间存在一定的关系。比如一个在中国的服务提供者，服务器的运行状况在夜间会更好一些。另外，在复杂网络领域对人的行为模式的研究也表明，对某种服务的访问具有一定的规律性。Sand Hill 公司的联合创办人 Rangaswami（兰加斯瓦米）指出，现在全球每天会产生 870 亿份电子邮件，而有研究表明邮件服务在每天早上的使用量是最大的。而在搜索引擎领域也有研究者指出，目前的搜索技术会导致在某一个时刻对某个网页的突发访问量剧烈增加的问题，这会导致该网页的服务质量下降。在 Web 服务领域，QoS 驱动的 Web 服务选取也可能会造成类似的现象，这对 Web 服务的影响是巨大的。如果在某一个时刻，对同一个服务产生大数量的突发访问量，会降低服务的质量，这种情况下利用固定公式计算出来的 QoS 就不能作为服务选择的依据。针对这种情况，本书提出在 eQoS、mQoS 获得的结果集上加上时间的标度。一个服务 u 在某一个时刻 i 的 m 个 eQoS 属性的结果集描述为公式(3-9)，则一个服务 u 在某一个时间段内的 eQoS 数据集 set_{ut} 描述为：

$$\mathrm{set}_{ut}=(\mathrm{se}_{u1},\mathrm{se}_{u2},\cdots,\mathrm{se}_{ui})^{T} \tag{3-14}$$

式中，$i\in t$，t 为时间段，i 为数据获得的时间。

一个服务 u 在某一个时刻 i 的 m 个 mQoS 属性的监控结果集可以描述为公式(3-10)，则一个服务 u 在某一个时间段内的 mQoS 数据集 smt_{ut} 描述为：

$$\mathrm{smt}_{ut}=(\mathrm{sm}_{u1},\mathrm{sm}_{u2},\cdots,\mathrm{sm}_{ui})^{T} \tag{3-15}$$

式中，$i\in t$，t 为时间段，i 为数据获得的时间。

假设对一个服务在一天内每 10 min 进行一次监控，那么这个服务的 smt_{ut} 集合在一天内会产生 144 条 smt_{ui} 值。对每一个小时内的数据进行取平均值计算，可以计算服务在 24 h 内哪个时间段内质量最好。

上面的方法是针对单个服务的单个 QoS 属性在进行计算之前对数据进行的预处理，对于不同 QoS 属性来说，它们的量纲和取值范围也是不相同的，主要存在着两种评定标准[67]：一种是正评价，值越高越好，如可靠性、可用性、信誉度；另一种是负评价，值越低越好，如执行时间、代价。由于存在着这两种不同的评定标准，因此在计算一个服务的综合 QoS 值时，把不同属性值进行简单的加减运算而得到服务的整体评价显然是不合适的，必须先经过无量纲化[44,68]处理，具体的计算方法见式(3-16)和式(3-17)：

$$q'_s=\begin{cases}\dfrac{q_s-q_s^{\min}}{q_s^{\max}-q_s^{\min}} & q_s^{\max}-q_s^{\min}\neq 0\\ 1 & q_s^{\max}-q_s^{\min}=0\end{cases}\quad q_s=Q_{availability},Q_{reliability},Q_{reputation}\tag{3-16}$$

$$q'_s=\begin{cases}\dfrac{q_s^{\max}-q_s}{q_s^{\max}-q_s^{\min}} & q_s^{\max}-q_s^{\min}\neq 0\\ 1 & q_s^{\max}-q_s^{\min}=0\end{cases}\quad q_s=Q_{time},Q_{cost}\tag{3-17}$$

式中，$q_s^{\max}$、$q_s^{\min}$ 分别表示对服务 s 的单个属性进行评价时的最大值和最小值。

【定义 3-6】　一个服务 u 的第 i 个 QoS 属性值由 pQoS、mQoS、eQoS 共同决定，如果服务 u 有 n 个对该属性的 mQoS 值、有 k 个对该属性的 eQoS 值，那么这个属性的综合值描述为：

$$SCQoS_{ui}=\alpha\times pQoS_{ui}+\beta\times\frac{\sum_{m=1}^{n}mQoS_{um}}{n}+\lambda\times\frac{\sum_{h=1}^{k}eQoS_{uh}}{k}\tag{3-18}$$

式中，α、β、λ 是权重系数，说明在此次度量中 pQoS、mQoS、eQoS 分别代表的权重，且 $\alpha+\beta+\lambda=1$。

3.2.2.2　组合服务 QoS 计算

对组合 Web 服务的服务质量的评价是在对单个 Web 服务的评价基础上进行的[69]，对组合 Web 服务 CS，QoS 属性和属性值的计算方法见表 3-1。

表 3-1　组合服务 QoS 计算公式

属性	串行	并行	分支	循环
$Q_{pr}(CS)$	$\sum_{i=1}^{m}Q_{pr}(S_i)$	$\sum_{i=1}^{m}Q_{pr}(S_i)$	$\sum_{i=1}^{m}pa_i\times Q_{pr}(S_i)$	$k\times\sum_{i=1}^{m}Q_{pr}(S_i)$
$Q_{du}(CS)$	$\sum_{i=1}^{m}Q_{du}(S_i)$	$\underset{i\in\{1,\cdots,m\}}{\mathrm{Max}}\{Q_{du}(S_i)\}$	$\sum_{i=1}^{m}pa_i\times Q_{du}(S_i)$	$k\times\sum_{i=1}^{m}Q_{du}(S_i)$
$Q_{av}(CS)$	$\prod_{i=1}^{m}Q_{av}(S_i)$	$\prod_{i=1}^{m}Q_{av}(S_i)$	$\sum_{i=1}^{m}pa_i\times Q_{av}(S_i)$	$[\prod_{i=1}^{m}Q_{av}(S_i)]^k$
$Q_{re}(CS)$	$\prod_{i=1}^{m}Q_{re}(S_i)$	$\prod_{i=1}^{m}Q_{re}(S_i)$	$\sum_{i=1}^{m}pa_i\times Q_{re}(S_i)$	$[\prod_{i=1}^{m}Q_{re}(S_i)]^k$
$Q_{rep}(CS)$	$\sum_{i=1}^{m}Q_{rep}(S_i)$	$\sum_{i=1}^{m}Q_{rep}(S_i)$	$\sum_{i=1}^{m}pa_i\times Q_{rep}(S_i)$	$k\times\sum_{i=1}^{m}Q_{rep}(S_i)$
$Q(CS)$	$\sum_{i=1}^{m}Q(S_i)$	$\sum_{i=1}^{m}Q(S_i)$	$\sum_{i=1}^{m}pa_i\times Q(S_i)$	$k\times\sum_{i=1}^{m}Q(S_i)$

表 3-1 中，pa_i 为任务所在分支的执行概率；k 为循环逻辑关系中循环体最多循环执行的次数，由应用设计者在建立组合 Web 服务时指定，或根据日志库中的执行日志通过计算得到。

3.3 面向领域的扩展 SOA 体系结构

传统的 SOA 体系结构只是从服务的功能性角度进行考虑，随着 Web 服务技术的不断成熟和广泛采用，网络上能提供相同功能的服务越来越多，如何帮助服务使用者从众多服务中选择一个性能更好、价格更便宜的服务，一直是研究的热点问题之一。可扩展的 QoS 框架为服务质量的度量提供了一个基础，但现有的 SOA 体系结构并不支持对 QoS 的收集、存储和计算。在 SOA 体系中，协议的传输也没有考虑到对 QoS 的支持，为了实现 QoS 驱动的 Web 服务选取，需要对现有的 SOA 体系结构进行扩展。

由于现有的 OASIS 定义的 SOA 体系结构中只包含了服务提供者、服务消费者和服务注册中心三个不同角色，模型不支持对服务质量信息的描述和存储，因此，现有的模型只能对服务进行功能性查找，无法对服务的非功能性属性进行度量和评价。考虑到现有模型的这些局限性，需要对它进行扩展，用以支持 QoS 获取、传递、存储、度量以及 QoS 驱动的 Web 服务选取，在组成部分上增加了 Web 服务 QoS 评价指标生成系统、第三方监控系统、QoS 反馈代理、Web 服务可信度评价和基于约束的自适应服务选取部分。

图 3-4 给出了扩展的 SOA（extend SOA，exSOA）体系结构，支持基于 QoS 信息的服务发布、服务匹配、服务选取及反馈等过程。

在传统的 SOA 体系结构基础上，exSOA 增加的各部分功能描述如下：

(1) Web 服务可信度评价系统：根据 QoS 信息中心存储的 Web 服务的发布 QoS、监控 QoS 和反馈 QoS 信息对 Web 服务的可信度进行评价。Web 服务的 QoS 信息在不同阶段可以通过不同方式获得，发布的 QoS 信息是在服务注册阶段获取的，是服务提供者提供的描述服务质量的信息，比如服务的价格、响应时间等。监控 QoS 是服务注册后，第三方监控系统对 Web 服务的监控结果，比如服务的响应时间、吞吐量等。反馈 QoS 是用户使用 Web 服务后对服务质量的感知程度，比如服务的功能完备体验、响应速度体验等。有的 QoS 信息可以在不同生命周期以不同方式共同获取，比如服务的响应时间，发布 QoS 可以提供，监控 QoS 也可以提供。Web 服务可信度评价系统主要根据这些不同生命周期获取的 QoS 信息的差异评价 Web 服务的可信度。

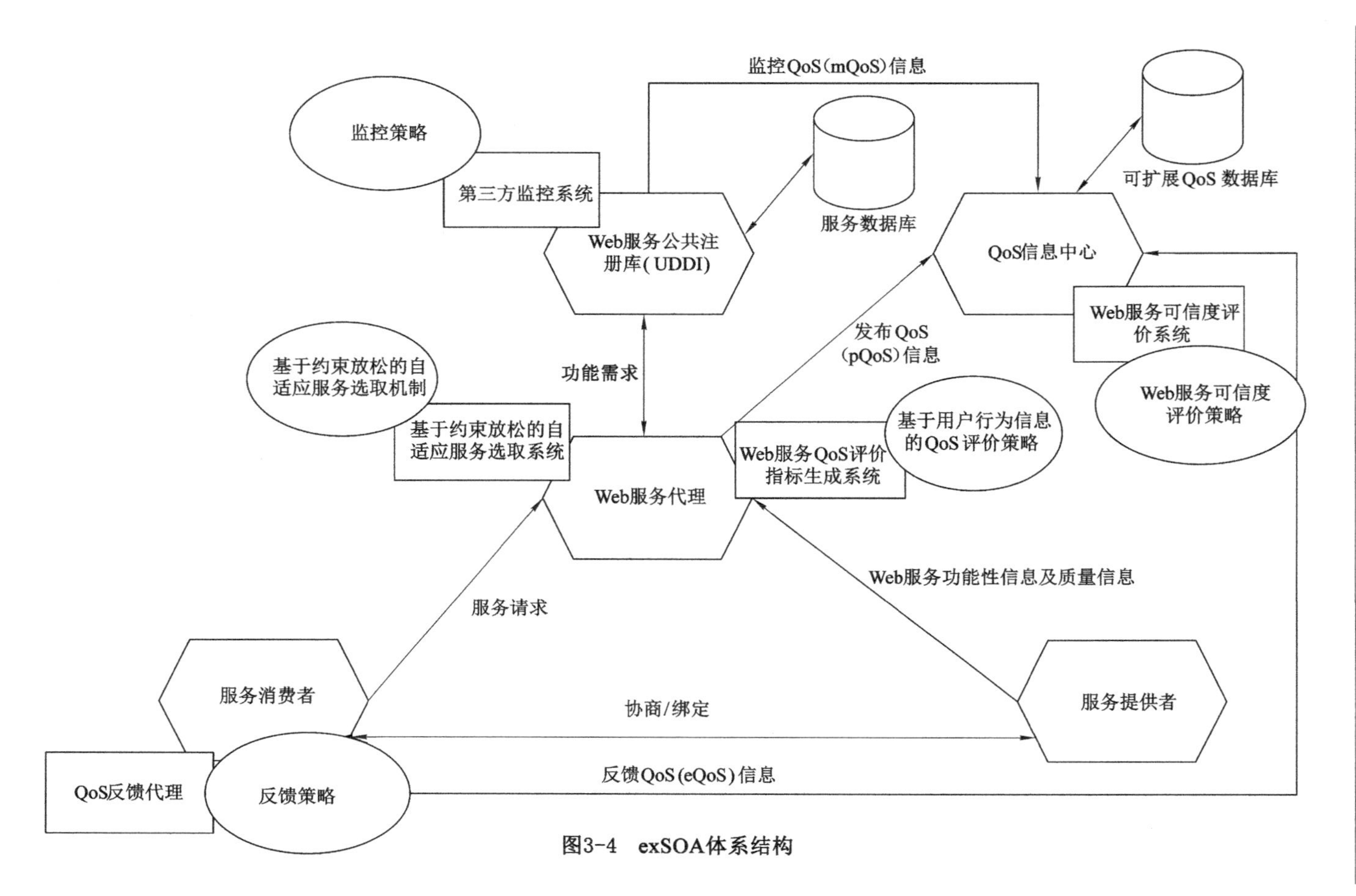

图3-4　exSOA体系结构

(2) 第三方监控系统:Web 服务在发布后,其质量具有动态性,服务所处网络环境、服务的并发使用情况、服务的软件实现方法等都会对其质量产生影响;虽然服务提供者在服务发布阶段会提供相应的服务质量信息,但这些信息并不可靠,服务提供者往往倾向于发布较高的服务质量信息以吸引更多的服务使用者;有些 Web 服务质量指标并不能通过发布 QoS 和反馈 QoS 提供,比如服务的吞吐量、某段时间内的可访问性等指标。在这种情况下,需要第三方监控系统对 Web 服务的质量进行监控,对于不同的 Web 服务指标,需要定制不同的监控策略。

(3) Web 服务 QoS 评价指标生成系统:本书把用户提供的约束信息和用户的反馈信息统一称为用户行为信息。某些用户在参与 Web 服务选取的时候会提供部分对服务的质量要求信息,比如价格的范围、服务响应时间的要求、准确性的要求等。这些数据可以帮助那些没有办法提出质量要求的用户更好地选择 Web 服务,比如对于一个提供网络视频资源的 Web 服务,如果很多用户在选择这个服务的时候都对流畅程度、价格、影片质量三个指标提出要求,那么说明这三个指标对评价一个提供视频资源的 Web 服务很重要,在这种情况下,对用户信息的收集就很有意义了。用户反馈信息的满意程度反映这次服务选取的成功与否,比较满意的反馈说明服务的选取是成功的,也说明用户在选择服务的时候提出的约束条件是合理的。所以,如果一个服务使用者反馈的结果较高,那么他所提供的约束信息也更加重要。

(4) 基于约束放松的自适应服务选取系统:在用户对 Web 服务质量提出约束条件的场景下,在无法选取到满足用户约束条件的情况下,则由基于约束放松的自适应服务选取系统对约束条件进行试探性的放松,从而为用户选取最接近用户要求的 Web 服务。

(5) QoS 反馈代理:服务使用者在使用服务后,根据服务使用者的质量感知对 Web 服务的质量给出一个评价结果,称之为反馈 QoS。反馈 QoS 有两个作用:① 可以作为对所调用 Web 服务质量评价的依据;② 反馈结果越高,说明服务使用者选取的服务越成功,如果用户是通过输入约束条件选取到满意的 Web 服务,则说明用户输入的约束条件比较合理,其作用更加重要。

在支持 QoS 的 exSOA 体系结构中,其业务过程也发生了变化,从服务使用者提出请求到服务使用者调用所选定的 Web 服务,服务发布、选取、调用阶段的业务也相应进行了调整。

(1) 服务发布阶段

服务提供者通过 Web 服务代理(WSB)发布所要对外提供的服务,为了支持 QoS 驱动的 Web 服务选取，服务提供者不仅要提供服务的相应功能描述信息，同时也要提供部分服务的质量信息，具体的发布过程如图 3-5 所示，可以分为以下三个步骤：

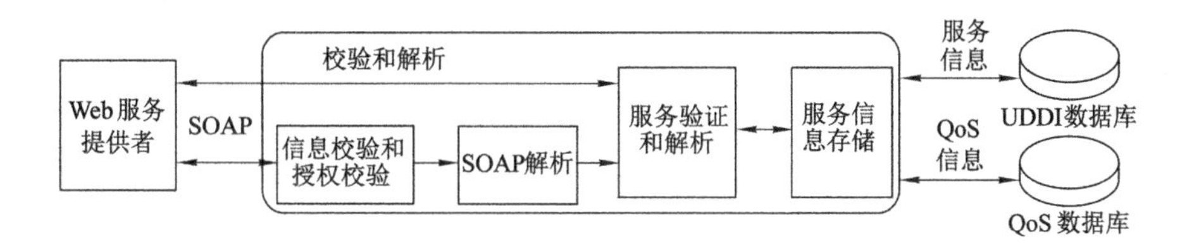

图 3-5　服务发布阶段

① 信息校验和授权校验：WSB 获得服务提供者发布的注册信息，首先验证服务提供者的权限，如果通过校验，那么对 SOAP 信息解析，获得服务的功能性信息和 QoS 信息。

② 服务验证和解析：在服务提供者的权限得到认定后，服务验证和解析系统对注册服务发送测试信息，形成对服务的第一次监控 QoS(mQoS)信息。

③ 服务信息存储：对注册信息进行解析，得到服务的功能性信息和发布 QoS(pQoS)信息，分别存储在 UDDI 数据库和 QoS 数据库中。

(2) 服务选取阶段

在 exSOA 体系结构中，服务选取的过程包括以下步骤：

① 服务使用者发送调用服务请求信息给 WSB。

② WSB 解析调用请求信息，将功能性需求发送给 UDDI，把用户的约束 QoS 存储在 WSB 中。

③ UDDI 获得功能性请求信息后，在 UDDI 中完成服务的功能性匹配并生成一个候选服务集，同时把候选服务集发送给 WSB。

④ WSB 在 QoS 信息中心获得该集合服务的存储 QoS(sQoS)信息。

⑤ WSB 利用服务 QoS 度量结果结合服务请求者的需求信息进行选择，选择出最适合的服务给请求方。

⑥ 在选取的过程中，如果用户提出约束条件，那么按照用户提出的约束条件进行有约束场景下的 Web 服务选取，这时候为用户选择的是满足用户需要、质量最好的 Web 服务。

⑦ 如果用户提出约束条件，但是没有选择到用户满意的 Web 服务的时候，基于约束放松的自适应服务选取系统则根据用户提出的约束条件试探性

地放松约束条件的限制，为用户选择最接近用户需求的 Web 服务。

⑧ 如果用户没有提出约束条件，那么 Web 服务 QoS 评价指标生成系统自动为用户选择评价候选 Web 服务质量的 QoS 指标，指标选择的依据是以往用户在选择这些 Web 服务的时候所提出的约束信息。例如，对于一个视频下载的 Web 服务，很多用户在选择这样的 Web 服务时，都提出“丢包率”要在 1%以下，这说明“丢包率”对于一个视频资源下载 Web 服务很重要。那么 Web 服务 QoS 评价指标生成系统会把“丢包率”作为视频下载类的 Web 服务 QoS 评价指标之一。

⑨ 服务使用者在使用服务后，QoS 反馈代理收集用户反馈信息，并产生一条反馈 QoS 给 QoS 信息中心。

3.4 本章小结

基于领域 QoS 属性的 Web 服务评价是面向领域 Web 服务选取首先要解决的问题，这需要有支持领域 QoS 属性的体系结构和支持领域服务 QoS 评价的方法。为此，需要一个可扩展的 QoS 模型，以支持 Web 服务 QoS 指标的多样性，也需要一个适用的 SOA 体系结构支持面向领域的 Web 服务选取方法。针对扩展的 QoS 模型和扩展的 SOA 体系结构，本章做了如下工作：

(1) 提出一个扩展的 QoS 体系结构，支持面向领域的 Web 服务 QoS 指标，支持对不同领域 Web 服务质量信息的获取、收集和存储。

(2) 提出面向领域的三维服务 QoS 评价方法，Web 服务中不同生命周期，其 QoS 的获取有不同的方法和来源，这些 QoS 可以用于综合评价 Web 服务的 QoS，也可以用于判断 Web 服务 QoS 的稳定性和可信度。

(3) 提出一个扩展的 SOA 体系结构，增加了对领域 Web 服务 QoS 的评价和支持领域 QoS 驱动的 Web 服务选取；增加了对可扩展 QoS 体系结构中服务 QoS 信息的管理；增加了对 Web 服务 QoS 可信度评价的支持。

第 4 章　面向领域的服务 QoS 可信度评价模型

2001 年 4 月召开的 W3C Web 服务研讨会(W3C Workshop on Web Services,WSWS)是对 Web 服务的未来发展的规划[70]。文献[2]对 Web 服务的定义进行了描述,经过多年的发展、改进及补充,目前 Web 服务无论是在理论层面还是在应用层面都得到长足发展。新事物的发展进程往往具有一定的规律性,Web 服务的发展前景还充满很多不可预测性,但目前 Web 服务的发展和 1994 年左右的 Web 网页的发展有着诸多相似之处,两者在发展之初都吸引了大量的科研人员关注,而且其应用都是逐渐被公众所认可的。如果 Web 服务能够得到充分发展,并像 Web 网页一样对人类世界产生巨大的影响,那么 Web 服务的发展过程就可以借鉴 Web 网页的发展作为参考。2006 年 11 月 Netcraft 公司的调查显示,世界上存在 1 亿个以上的网站,到 2010 年这个数字就变为了 2 亿 3 000 万以上[71]。同理,随着 Web 服务在 Internet 上的增加,大量功能相似或者相同的 Web 服务会涌现出来,Web 服务搜索及排序将会是未来 Web 服务发展的重要研究领域之一。Web 服务的排序和 Web 网页的排序有着不同的特点:第一,由于 Web 网页搜索引擎的排序是一种建议性方法,所以对推荐内容的可靠性、准确性要求不高,即使发生推荐虚假网页内容的情况,造成的损失也不会很大,而 Web 服务的评价及排序则有着更严格的要求;第二,Web 网页是根据关键字搜索并对网页进行排序,而 Web 服务的评价是对有着相似或者相同功能的 Web 服务进行排序的,其过程更加复杂,采用的技术要求更高;第三,Web 网页搜索结果相关联性小,而 Web 服务则要考虑到 Web 服务组合过程中的服务相容性、组合后服务的整体效率等问题[72-73];第四,Web 网页搜索引擎的评价模型并不对虚假、劣质的网页进行处理,Web 服务的评价则需要对评价的 Web 服务标记出评价结果,并在公共注册库中淘汰虚假、劣质 Web 服务。

文献[74]中研究了 2003—2004 年公共 Web 服务的使用情况。调查结果显示,在商务注册中心 UBR 上注册的服务大概只有 34%是可用的,统计数据的结果表明 Web 服务的质量具有较大的动态性。因此,如何从注册库中主动识别具有欺诈行为的 Web 服务及其提供者，保证服务的可靠执行，具有一定的研究意义。目前，对主动识别具有欺诈行为的 Web 服务及其提供者的研究主要集中在对 Web 服务 QoS 的可信度度量上。Web 服务在发布的时候，需要服务提供者提供 Web 服务功能描述信息及 QoS 信息，并验证提供消息的可靠性。一方面，需要验证 Web 服务是否具有正确的功能性；另一方面，需要验证 QoS 信息的可靠性及准确性，及时发现发布虚假服务、劣质服务的服务提供者及 Web 服务，通过减少 UDDI 中失效、过期、虚假及劣质的 Web 服务提高服务查找的效率。

Web 服务的 QoS 可信度评价要比 Web 网页的评价更加复杂，其作用也更加重要。在基于 QoS 属性的 Web 服务质量的可信度评价方法上，澳大利亚新南威尔士大学的学者 Zeng 等[44]在信誉评价方面只考虑了用户评价这一个主观因素。随后的研究中，文献[75-76]又进一步讨论了 Web 服务 QoS 属性的可信度。其中，文献[75]提出考虑发布者、监控软件及用户经验的 Web 服务 QoS 指标评价方法，该方法能够更加真实地反映 Web 服务的 QoS 指标，其不足之处是没有给 Web 服务定量的评价结果；文献[76]给出 FTL、STT 和 SPCL 这三个评价指标来评价 Web 服务信誉的方法，但其考虑的指标固定，不可扩展。

本书提出的面向领域的三维服务 QoS 评价框架主要从发布 QoS、监控 QoS 和用户反馈 QoS 三个维度综合计算，考虑这些不同来源的 QoS 信息本身可能存在着虚假、欺诈、误差因素，基于这些信息提出一种面向领域的服务 QoS 可信度评价模型，在 QoS 驱动的 Web 服务选取过程中把可信度作为选取 Web 服务的一个质量因素。

4.1 面向领域的 QoS 可信度评价框架

4.1.1 服务 QoS 可信度评价问题

以一个传统的 Web 服务生命周期为例，假设 Web 服务提供者汤姆完成一个 Web 服务，并将 Web 服务发布到公共服务注册库中，汤姆可以选择提供 WSDL 文件自动注册或者手动注册 Web 服务，无论何种方式，他需要提供 Web 服务的相关功能描述信息，包括 Web 服务的描述、操作及操作信息、接口及接口信息，同时需要提供 Web 服务的相关 QoS 信息；作为服务提供者，汤姆期望自己的 Web 服务被更多的人访问，他可能偏向于把自己的 Web 服务质量描述得更好，或者提供的是在最好的环境下该服务具有的最佳服务质量，此时汤姆提供的Web服务质量指标称为服务的发布QoS；当汤姆的Web服务已经完成注册，并存在于公共注册库的时候，第三方提供的监控软件可以对该Web服务进行测试，并且获得多组测试结果，这些测试结果称为Web服务的监控QoS；如果汤姆提供的Web服务被某个服务消费者调用，则该服务请求者可能根据自己的感受对该Web服务的质量进行反馈，多个服务请求者会形成多组反馈结果，此时获得的Web服务的QoS信息称为服务的反馈QoS。

发布QoS可能存在不可信的原因包括：① 完全来自服务提供者，只在服务发布的时候提供；② 不具备实时性，且只发布一次，当服务质量发生变化时，发布QoS不能进行相应的调整；③ 服务发布者可能提供虚假信息，并且很难被发现；④ 对于某些QoS指标，用户无法准确给出其结果，比如可靠性、吞吐量、安全性等指标。综上所述，发布QoS实际上是一种服务提供者期望的质量水平，是服务提供者希望所发布的Web服务能够达到的质量标准，不能代表Web服务的实际质量，但是如果服务提供者具有较高的信誉度，那么发布QoS将会在一定程度上代表Web服务的真实质量。

监控QoS可以多次获得，但是在不同网络环境下，通过不同的监控系统进行测量时，其测量结果必将不同。以我国为例，部署在教育网内的监控系统可能对部署在教育网内的Web服务测试结果更好，而测试其他类型网络的Web服务，可能受网速影响，其结果不好。因此，监控系统和实际的Web服务使用者可能处于不同的网络环境下，监控系统并不能真实地反映用户感知的Web服务的QoS，其结果受到网络因素的影响较大。为了真实地反映Web服务的QoS，需要提出一定的监控策略。总之，在获取监控QoS的时候，监控的QoS可能受到的影响因素较多，包括监控软件所处的环境、Web服务所处网络环境、实施的网络流量等因素。为了减少误差，提高监控信息的准确度，本书提出如下一些监控策略：

(1) 监控系统应该是分布式的。由于监控系统也处在网络环境中，其当前所处的网络类型对监控结果会产生影响，比如监控系统和Web服务同处在教育网内，则监控QoS数据质量会比较高。如果监控系统和Web服务不处在相同网络里，则监控QoS数据质量会比较低。如果监控系统和Web服务处在同一地区，那么监控质量也会存在差异，同样处在美国的监控系统可能对处在美国的Web服务监控的质量较高。因此，监控软件应该部署在分布式系统中，且分布于不同类型、地区的网络环境中。

(2) 监控数据应该是多次监控结果的集合。Web服务具有不同的生命周期,其在更新、升级过程中,可能服务质量会有所下降,如果此时监控系统对Web服务进行监控,则获取的QoS数据质量较低。另外,由于Web服务是部署在网络环境下的软件系统,同样受到时间因素的影响,比如对于提供邮件服务的两个Web服务,一个在美国,另一个在中国,那么在中国的白天测试美国的Web服务其质量可能较高,因为此时美国的Web服务使用的人数可能较少。因此,对Web服务的监控应该是具有一定的时间控制策略。

(3) 监控结果应该考虑当前的网络流量。网络环境下,网络流量的突发因素也可能对Web服务的监控结果产生影响。在某一时刻内,可能网络状况较差,或者监控软件所处的网络环境持续较差,那么在监控系统进行监控的过程中,就应该考虑到网络因素对监控信息的影响。不同的监控系统处在不同的网络环境下,其网络性能也各不相同,所以在制定监控策略及计算监控QoS的过程中,要把网络性能作为一个参数代入计算公式中。

反馈QoS也可以多次获得,但可能存在的问题包括:① 任何一个用户使用Web服务后都可以提交反馈QoS,无法区分真伪;② 对于没有被使用过的Web服务或者新发布的Web服务,则没有反馈结果,完全依靠反馈QoS可能降低新注册服务被调用的机会,这是一种不公平服务评价方法;③ 用户的主观意识对反馈结果影响较大,不同的用户对相同的Web服务感知的效果不同。

这三组数据从服务生命周期的不同阶段分别对Web服务的QoS进行描述,面向领域的QoS描述可以从三组数据综合进行考虑。考虑到汤姆可能存在的欺诈行为、Web服务所在网络环境对它的影响以及用户反馈过程中的主观因素(个人喜好)等因素,这三组QoS数据可能是不完全相同的。根据获取的这三组数据间的统计结果,本书提出一种度量Web服务可信度的评价模型。该模型以服务提供者的发布QoS为依据,通过计算它和监控QoS、反馈QoS之间的差异,给出面向领域的服务QoS可信度的计算方法。本书提出的模型能够主动识别恶意的服务欺诈行为,主动区分服务的QoS指标可信度。在服务选取过程中,通过QoS可信度评价结果可以去掉部分虚假服务,有效减少候选服务数量,提高服务选取算法的效率。

4.1.2 面向领域的QoS可信度评价框架

Web服务QoS是QoS驱动的Web服务选取的基础,QoS信息的准确性决定了服务选取的成功与否。本节给出一个支持领域属性的QoS可信度评价框架,如图4-1所示。该框架描述了具有Web服务QoS可信度评价功能的

SOA 体系结构应具有的主要结构。其中,应用层介绍了可信度评价的应用场景,实现层则是对应用层的支持。

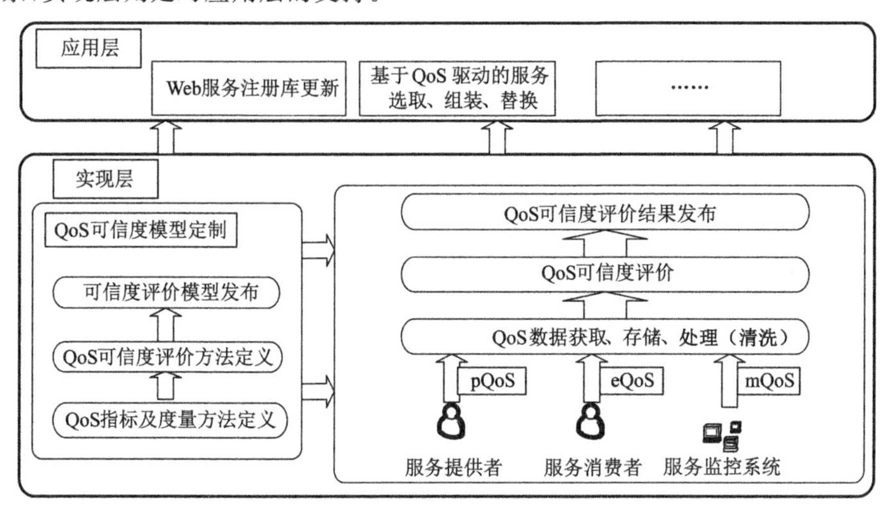

图 4-1　QoS 可信度评价框架

如图 4-1 所示,Web 服务 QoS 可信度评价框架主要包括以下组成部分:

(1) QoS 指标及其度量方法定义。不同领域的 Web 服务具有不同的 QoS 指标集合,相同的指标对不同领域的 Web 服务 QoS 影响也不相同。对于同一指标也有多种不同度量方法,以服务的可用性为例,就包含基于时间段、访问次数及性能指标等多种度量方法。Web 服务指标及其度量方法需借助领域专家参与进行确定,本部分存储不同领域服务对应的 QoS 度量指标及方法。

(2) QoS 可信度评价方法定义。采用固定的 QoS 指标评价方法不能适应多领域的 Web 服务的 QoS 评价需求,通过不同指标可以得出不同的可信度的值,所以不同指标的可信度对 Web 服务整体的可信度影响不同,且表现出一定的领域特征。本部分定义并存储针对不同领域、类型的 Web 服务的可信度评价方法,用来计算不同领域、类型的 Web 服务的可信度。

(3) 可信度评价模型发布。它用于发布有效的评价模型,评价模型应该和 Web 服务注册库关联,对于各领域的 Web 服务应定制符合需要的评价模型。在应用层需要对 Web 服务可信度进行评价的时候,在本部分获取可用的评价模型。

(4) QoS 数据获取、存储、处理(清洗)。服务提供者、消费者、监控系统分别获取 pQoS、eQoS 和 mQoS,获取的 QoS 信息需要经过相应处理(清洗)保存在本部分。清洗是指排除和其他数据具有较大差异、残缺的数据项，主要是针对 mQoS 和 eQoS 进行。

(5) QoS 可信度评价。首先，它是指利用可信度评价模型对 Web 服务注册库中的 Web 服务进行可信度评价的过程；其次，在服务选取、替换、组装过程中，通过该过程选取可信度较高的服务参加后续的选取、替换、组装过程。

(6) QoS 可信度评价结果发布。它是指把 QoS 可信度评价结果反馈给 Web 服务注册库或者服务选取、替换、组装等系统的过程。

4.2 面向领域的 QoS 可信度评价模型

4.2.1 单个指标的 QoS 可信度评价

通常一个 Web 服务都有多个 QoS 指标，Web 服务的 QoS 可信度评价结果由 Web 服务各个指标的评价结果决定，一个指标评价的目标函数描述为：

$$\mathrm{WSattr}_{uk}=\frac{\sum_{i=1}^{n}[w_1(\mathrm{sp_u}\otimes \mathrm{se}_{ui})+w_2(\mathrm{sp_u}\oplus \mathrm{sm}_{ui})]}{n} \tag{4-1}$$

式中，WSattr_{uk}为服务 u 第 k 个指标的可信度评价值；n 为抽样数据的数量，比如每次评价抽取 100 个监控数据和反馈数据作为样本，则 $n=100$；w_1、w_2 分别为用户反馈数据和监控数据在该指标评价过程中所占的比重，$w_1\geqslant 0$，$w_2\geqslant 0$，且 $w_1+w_2=1$；$\otimes$、$\oplus$分别代表 $\mathrm{sp_u}$ 和 se_{ui}、sm_{ui}之间的运算关系。

在对单个指标进行可信度评价的过程中，样本的选择可以依据多种方法，最简单的是采用最近有效的数据，或者采用某一段时间内的有效数据的方法。式(4-1)的算法只适用于极小型指标(指标值越小，Web 服务质量越好，如响应时间、价格)的评价，对于中间型及极大型指标需要进行转化。转化的公式分别为：

$$\text{中间型指标 } x\rightarrow x^*=\frac{(\mathrm{maxValue}+\mathrm{minValue})}{2}$$

$$\text{极大型指标 } x\rightarrow x^*=\frac{1}{x}$$

例如，服务提供者提供的一个旅游服务，并说明其价格不会高于 5 000，且不低于 3 000，在可信度评价的时候，如果 eQoS 和 mQoS 结果越接近 4 000，则其可信度越高。

本书给出一个根据式(4-1)计算可信度的方案，假设令⊗=⊕=“-”，则式(4-1)可变为：

$$\mathrm{WSattr}_{uk}=\frac{\sum_{i=1}^{n}[w_1(\mathrm{sp_u}-\mathrm{se}_{ui})+w_2(\mathrm{sp_u}-\mathrm{sm}_{ui})]}{n} \tag{4-2}$$

式(4-2)计算的评价结果直观易懂，假设服务 u 的第 k 个指标为响应时间(极小型指标)，如果服务提供者提供的响应时间为 $\mathrm{sp_u}$，则一次用户反馈的响应时间为 se_{ui}；如果 $\mathrm{sp_u}\geqslant se_{ui}$，则 $w_1(\mathrm{sp_u}-\mathrm{se}_{ui})\geqslant 0$，说明 Web 服务的实际响应时间小于等于服务提供者发布的响应时间，则服务提供者没有欺诈行为；反之，如果 $\mathrm{sp_u}<\mathrm{se}_{ui}$，则服务提供者存在欺诈行为。其他指标的可信度评价方法与响应时间相似。式(4-2)不仅能够判别服务提供者是否存在欺诈行为，而且能够反映欺诈的程度，WSattr_{uk} 值如果是正数，则服务提供者没有欺诈行为，其值越大，则 Web 服务的 QoS 可信度指标值越高；反之，如果 WSattr_{uk} 值为负数，说明服务提供者存在欺诈行为，其值越小，则其可信程度越低。

式(4-2)是 Web 服务的 QoS 可信度测量方法之一，对于⊗和⊕的设置及取值方法可以有多种组合。

由于 Internet、UDDI 中的 Web 服务数量不断发生变化，Web 服务的 QoS 可信度评价采用统一评价的方式并不适用。文献[77]中提出声誉属性信任贡献度的方法，其方法实质是基于反馈的评价方法，没有考虑监控信息对信誉评价的贡献，且只能通过固定指标对 Web 服务进行评价，比如评价结果只能是{好，中，差}，对于 Web 服务响应时间、价格等属性不能通过{好，中，差}评价。实际应用中，服务消费者在使用服务后可以直接以数值方式反馈给信誉评价系统，比如{使用响应时间=0.2 s，价格=0.3}等，其反馈数据的获得方法在文献[64]中给出了论述。文献[78]中也提到在 blog 的评价过程中考虑时间因素的衰减因子，其时间衰减因子方法也适用于本书所提出的方法。考虑时间因素，对于 Web 服务的 QoS 可信度的多次评价结果，最近一次的评价结果的可信度往往更高，考虑到评价结果的滞后性，可以在式(4-1)的基础上考虑时间因素，从而进一步改进 Web 服务可信度评价结果的准确性。

4.2.2 服务的综合 QoS 可信度评价模型

Web 服务的属性包括功能性属性和非功能性属性，非功能性属性又可以分为公共非功能性属性(Web 服务具有的通用属性，如响应时间、可靠性等)

和领域非功能性属性(Web 服务具有的领域属性,如加法服务的精确度、送货服务的送货时间等),目前的研究普遍采用分析公共非功能性属性指标的方式度量 Web 服务的质量[79]。本章提出的算法不仅适用于公共非功能性属性,而且适用于领域非功能属性,比如提供加法的 Web 服务的精确度,通过监控或者在 Web 服务消费者端都可以获得其精确度[80]。本章给出根据 eQoS 和 mQoS 数据的 Web 服务 QoS 进行可信度评价模型。

【定义 4-1】 Web 服务的 QoS 可信度。一个服务 u 在多次监控或反馈中,所有指标都达到了 pQoS 指标值的概率定义为 Web 服务的 QoS 可信度 $\mathrm{WSrepu_u}$:

$$\mathrm{WSrepu_u} = \frac{k}{n} \tag{4-3}$$

式中,n 为监控或者反馈样本集;k 为 n 次监控或者反馈中所有指标满足 pQoS 的次数。$\mathrm{WSrepu_u}$ 的值越高,说明 Web 服务的 QoS 可信度越大,其各项指标 pQoS 越接近。

在 Web 服务的 QoS 可信度评价过程中,各个指标都可能存在欺诈行为,不同指标的欺诈行为对 Web 服务的 QoS 造成的影响不一,仅仅简单计算 Web 服务的 QoS 可信度并不能满足实际需求及用户的个性化需求,某些指标可能并不是用户所关心的,或者某些指标对 Web 服务的质量影响较小,为了区分各个指标对 Web 服务可信度的影响,本书给出 QoS 指标可信度影响因子 ρ_{ui} 的定义。

【定义 4-2】 Web 服务的 QoS 可信度影响因子 ρ_{ui} 表示 Web 服务第 i 个指标对 Web 服务的 QoS 可信度的影响程度,且 $\rho_{ui} \in [0,1]$。ρ_{ui} 在定义 Web 可信度评价模型的时候给出。

$\rho_{ui}=1$ 说明如果该指标存在欺诈行为,对 Web 服务的 QoS 影响最大,比如加法服务的精确度;如果服务消费者需要的精确度是 5,服务提供者发布的精确度为 5,而实际使用时的精确度为 4,则服务提供者的该欺诈行为是非常严重的;ρ_{ui} 的取值越小,则说明该指标是否存在欺诈行为对 Web 服务的 QoS 可信度影响越小。$\rho_{ui}=0$ 说明该指标是否存在欺诈行为对 Web 服务的 QoS 可信度不产生影响。

【定义 4-3】 Web 服务的 QoS 指标可信度。一个服务 u 在多次监控或反馈中单个指标达到了 pQoS 指标值的概率定义为 Web 服务的 QoS 指标可信度 $\mathrm{WSattrRepu_u}$:

$$\mathrm{WSattrRepu_{uk}} = \rho_{ui} \otimes \mathrm{WSattr_{uk}} \tag{4-4}$$

式中，$WSattrRepu_u$ 表示 Web 服务 u 的第 k 个 QoS 指标可信度评价结果；$\otimes$ 为 ρ_{ui} 和 $WSattr_{ui}$ 之间的运算关系；$WSattr_{uk}$ 在式(4-2)中给出。如果不考虑 ρ_{ui} 的取值，$WSattrRepu_u$ 值越大，说明 Web 服务在该指标上的可信度越高。

对式(4-4)的计算结果累加，即得出基于指标可信度的 Web 服务的 QoS 可信度(Web Service Reputation based on Attributes，WSRA)。

$$WSRA_u = \frac{\sum_{k=1}^{j}(WSattrRepu_{uk})}{j} \tag{4-5}$$

式中，j 为 Web 服务的 QoS 指标数。

式(4-4)、式(4-5)计算的是静态环境下 Web 服务可信度评价，在真实应用中还需综合考虑多种因素对 WSRA 评价的影响，比如前面介绍的时间衰减因子的影响、突发特殊值的影响等[81]。在反馈数据采集过程中，同一个 QoS 的可信度评价指标对不同的服务消费者也不完全适用，比如不同网络环境的服务消费者对评价结果的差异性，这种差异性往往不是 Web 服务本身产生的，在获取实际使用响应时间的时候，配置较低、网络环境较差的消费者可能产生较大的误差[82-83]；在获取监控数据的过程中，处于网络中不同位置的监控软件对同一个服务的监控数据也可能产生差异，如果监控系统和 Web 服务在同一个类型的网络内(如同是教育网)，则也会对检测结果产生影响。对于评价模型的误差调整会在以后的研究中继续进行。

4.3　实验平台构建

4.3.1　NEUDDI 注册中心体系结构

本章研究内容应用在东北大学软件学院和 IBM 联合进行的国际合作项目“Service Registry and Governance for e-Government Information Resource Catalog and Interchange，MOU-NEU-08018”中，该项目邀请三位 IBM 外国专家来研究室工作一个月，以建设一个 Web 服务注册中心(NEUDDI)为主要任务。NEUDDI Web 服务注册中心是一个收集网络中的 Web 服务信息并对用户提供搜索服务的网站，针对传统 UDDI 进行了扩展，比如通过使用网络爬虫自主发现并注册 Web 服务[84]；增加了服务的状态监控模块，以减少注册中心中失效服务的比率；增加了服务的代理调用，方便用户查看和调用 Web 服务；增加了 Web 服务的评价功能，方便用户更加直观地了解 Web 服务的使用情况和满意程度。

自发现 Web 服务注册中心的注册服务方法分为被动获取和主动获取两类：

(1) 被动获取的方式是指通过 Web 服务的提供者注册 Web 服务，注册中心获得 Web 服务的信息，提供者发布服务时需要填写服务的标题、WSDL 地址、服务的分类、服务的说明等信息，服务发布成功后，这些信息将会被保存到服务数据库中，提供给其他用户查找。

(2) 主动获取的方式是指通过一个专门在 Internet 中搜索 Web 服务的网络爬虫获得 Web 服务的信息。该网络爬虫的设计目的就是为 NEUDDI 提供更多的注册服务，其搜索目标具体来说是 Web 服务的描述文件，即 WSDL 文件。爬虫每找到一个 Web 服务的 WSDL，就会把它注册到 NEUDDI 中，然后继续寻找网络中的其他 Web 服务。

自发现 Web 服务注册中心的系统结构图如图 4-2 所示，与传统 Web 服务注册中心相对比，自发现 Web 服务注册中心增加了 Web 服务质量管理、Web 服务监控中心、Web 服务调用代理和 Web 服务搜索爬虫四个模块。

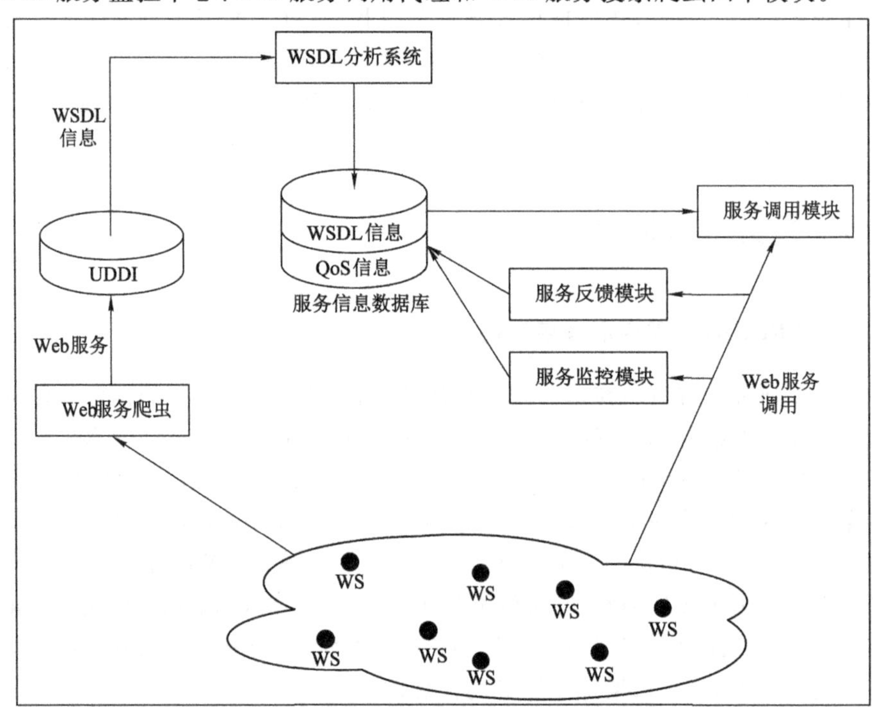

图 4-2　自发现 Web 服务注册中心的系统结构图

在自发现Web服务注册中心结构中，Web服务质量管理模块(服务反馈模块、服务监控模块)用于统计和管理服务信息数据库中所有注册服务的QoS信息；Web服务监控中心模块用于定期对Web服务注册中心中所有注册服务进行测试以获取这些服务的QoS信息，获取的QoS信息会提交给Web服务质量管理模块；服务调用模块用于为Web服务监控中心提供服务测试数据；Web服务搜索爬虫用于在互联网中主动地发现和获取Web服务，是注册中心实现的核心部分。

4.3.2　Web服务搜索爬虫

Web服务搜索爬虫是自发现Web服务注册中心中服务的自发现理念的实现，从互联网中主动地获取Web服务的信息[85]。按照网络爬虫的分类，这种有明确查找主题的网络爬虫属于聚焦网络爬虫，爬虫的设计分为两步：首先设计一个通用网络爬虫；然后针对主题的特点设计相应的过滤器和分析器，实现对主题的高效率搜索。

(1) 通用网络爬虫的设计

通用网络爬虫是最基本的网络爬虫，在实现时需要定义网络爬虫最基本的爬行策略[86]。在本系统中，通用网络爬虫部分的爬行策略使用广度优先爬行方式，采用该策略的原因是：一方面是因为广度优先爬行本身就有一定的主题性；另一方面是因为这种爬行方案更加适合用数据库来实现。这种通用网络爬虫的爬行流程如图4-3所示。

爬虫在爬行过程中获得的数据需要保存在待处理表、已处理表、错误表和结果表等四个表中。其中，待处理表用来保存需要被处理的网页的URL，当爬虫启动时会从待处理表中取出第一个待处理链接来处理，当这个链接被处理完之后，会从待处理表中删除，同时从该链接中获得的子链接会被添加到待处理表的表尾，等待爬虫的处理；已处理表用来保存已分析处理完的网页的URL，爬虫在处理一个链接之前会首先检查这个链接的URL是否被处理过，这是为了防止爬虫重复爬行同一个URL，导致其在一个小范围内绕圈子，同时也提高了爬虫的整体效率；错误表用于保存爬虫前进中遇到各种问题而无法处理的URL，这些URL有的已经完全失效了，有些只是暂时遇到了一些问题，无法对外提供服务，因此为了尽可能多地获取信息，对于错误表中的URL应该定期进行重爬，并记录这些URL的出错次数，当某个URL的出错次数达到某个阈值时就不再处理这个链接；结果表用于保存那些从网页中获取的重要信息，在本项目中重要信息指的是Web服务的说明文件，即WSDL文件。

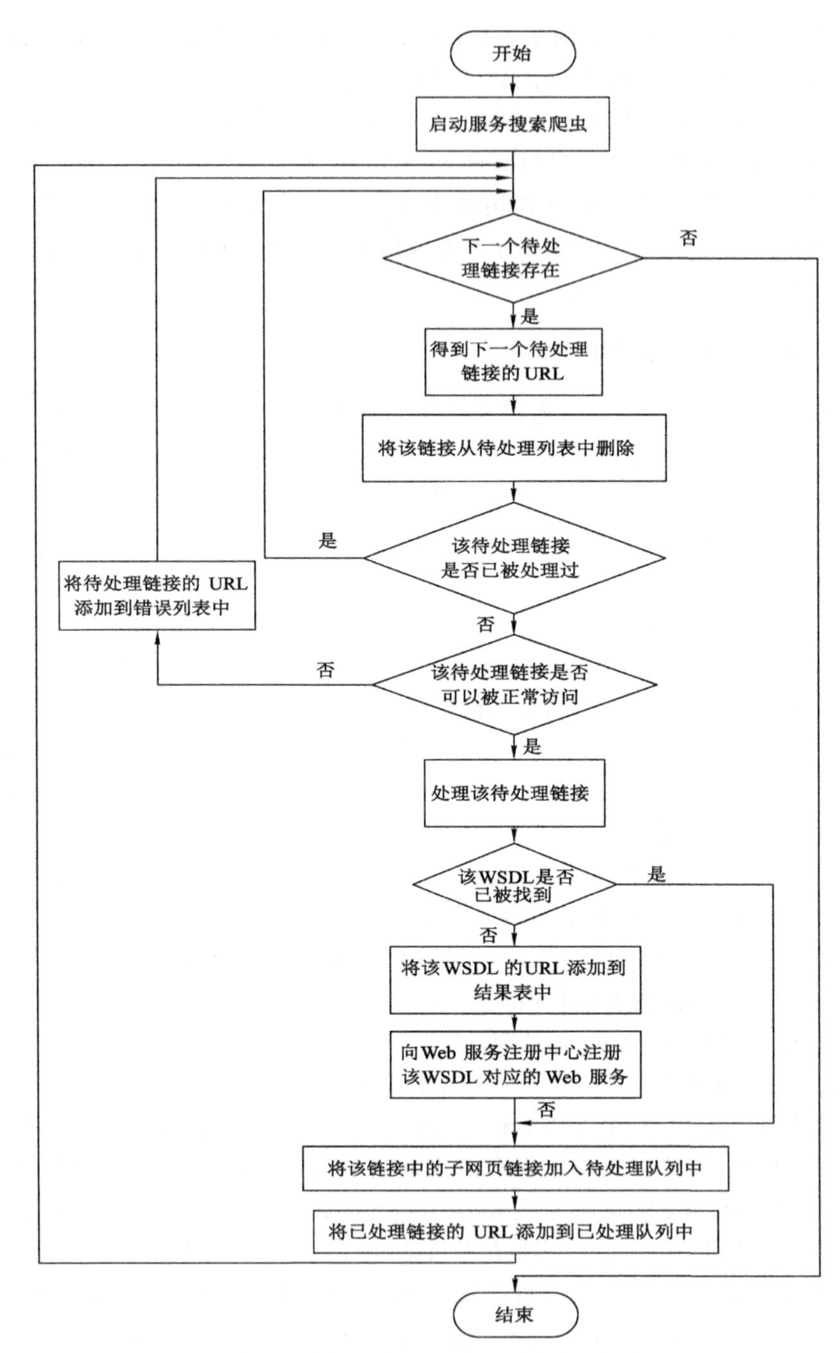

图 4-3 通用 Web 服务搜索爬虫的流程图

在实际设计的过程中，考虑到爬虫需要经常地判断一个 URL 是否被处理过，而经过了一段时间的爬行后，已处理表的存储可能会变得非常巨大，导致爬虫的执行效率降低。为了解决这个问题，可以把已处理表从一个大表分割为 N 个小表，爬虫通过将待处理链接的 URL 用某种哈希算法进行计算，并用得出的哈希值与 N 进行模运算，将运算结果放入对应的已处理表的子表中。为了更大程度上提高爬虫的执行效率，在处理一个 URL 之前，首先根据预定的哈希算法确定这个 URL 会存放在哪个子表中，并在该表中搜索这个 URL，如果找到了这个 URL 则说明其已经被处理过，不应再处理这个网页，如果没有找到则说明应该对这个 URL 进行处理，并在处理完该 URL 后将其添加到相应的子表中。经实践证明，将已处理表从一个大表分割为 N 个小表可以明显减少爬虫判断一个链接是否已被处理的时间，从而提升了爬虫的效率。

（2）聚焦网络爬虫中过滤器的设计

过滤器是网络爬虫的重要组成部分，它可以拦截一些与主题无关的 URL，从而增加网络爬虫爬行与主题有关网页的比率，提高爬虫获取主题相关信息的效率。

过滤器被设计为一种基于关键字匹配的网页内子链接过滤器，它由基于关键字构建的黑名单和白名单组成，通过对从一个网页中提取的子链接的 URL 分别与白名单和黑名单进行关键字匹配，决定将这个 URL 添加到哪个待处理队列。其中，白名单主要是一些网页的扩展名，如 html、htm、jsp、asp 等，黑名单中包括互联网中常见的非网页扩展名，包括常见的图片、文本、视频、音频的扩展名等。除此之外，在黑名单中增加了一些有针对性的关键字，比如考虑到正规的 Web 服务在论坛或者博客中出现的概率较低而将 bbs 和 blog 加入黑名单；考虑到一些比较大的门户网站拥有非常多的网页，但却不提供 Web 服务而将 sina、sohu 等关键字加入黑名单；等等。白名单和黑名单之间是有优先级顺序的，优先级最高的是扩展名以外的黑名单，其次是扩展名的白名单，最后是扩展名的黑名单。例如，一个 URL 如果与扩展名以外的黑名单匹配，那么它就不会进行其他两项匹配，直接被过滤掉不予处理，以此类推。

（3）聚焦网络爬虫中分析器的设计

分析器是聚焦网络爬虫的核心，它决定了网络爬虫以怎样的顺序在网络中爬行。一个好的网络爬虫分析器设计，可以使网络爬虫在同样的时间内找到更多与主题相关的信息。

分析器的设计使用了一个类似于简化鱼群算法的方法，该算法既不计算链接的 potential score(潜在得分)，也不设定搜索的宽度，它只在一定程度上关注网页的深度，但是对网页的重要程度做出了类似的分类。为使重要程度不同的网页能够以不同的顺序被处理，待处理表按照所处理网页与主题的相关程度划分为高优先级待处理表、一般优先级待处理表和低优先级待处理表三个表。爬虫首先会在高优先级待处理表中获得待处理的 URL，除非高优先级待处理表中没有内容了，爬虫才去一般优先级待处理表中获取下一个处理的 URL，同理，直到高优先级待处理表和一般优先级待处理表中都没有内容了之后，爬虫才会到低优先级待处理表中获去下一个待处理的 URL。待处理表根据链接的 potential score 分为三个等级，高、中、低三个等级的待处理表分别代表了 potential score 值为 1、0.5 和 0 这三种情况，而搜索的宽度则是无限宽。这样做的好处是它更适合使用数据库来实现，因为按照传统的鱼群算法，爬虫得到的子链接的信息需要按照其 potential score 被插入到待处理表的相应位置，在数据库中实现时，插入语句正好将这些数据插入了表的表尾。不同于普通鱼群算法的深度，这里设计的链接的深度是从 0 开始的，一个网页的子链接的深度等于该网页的深度加 1。如果在一个网页中获得了 WSDL 文件或与主题相关的关键字，那么这个网页下的所有链接的深度将会被重新设置为 0 或 1。分析器中会预先设定一个允许的最大深度值，一旦爬虫处理的链接的链接深度达到这个最大值，如果这个链接的内容中没有与主题相关的信息，这个链接中的子链接就不会被添加到任何待处理表中。完整的聚焦 Web 服务搜索爬虫的流程图如图 4-4 所示。

爬虫的最大爬行深度在高优先级和普通优先级的待处理表的处理上并没有太多意义，因为这些表中保存的都是与主题相关的信息，所以其爬行深度必然是 0 或者 1。然而对于低优先级待处理表来说，最大爬行深度的设定却是意义重大的，因为虽然一个与主题无关的网页的子链接中包含与主题相关信息的概率比较低，但这个概率肯定不是零，所以为了尽可能地增加与主题相关的信息，这些链接是不能忽略的。但是为这不高的获得主题相关信息的概率消耗大量的时间和存储空间也是不值得的。限定链接的最大深度实际上就是为解决这个问题设计的，它同时兼顾了从与主题无关的网页的子链接中获得与主题相关信息的可能性和无法获得与主题相关信息的概率，增加了爬虫获得与主题相关信息的数量和效率，并且在一定程度上减少了低优先级待处理表的数据量，减轻了爬虫服务器的存储压力。

通过对 Web 服务爬虫的设计与实现，自发现的 Web 服务注册中心已经

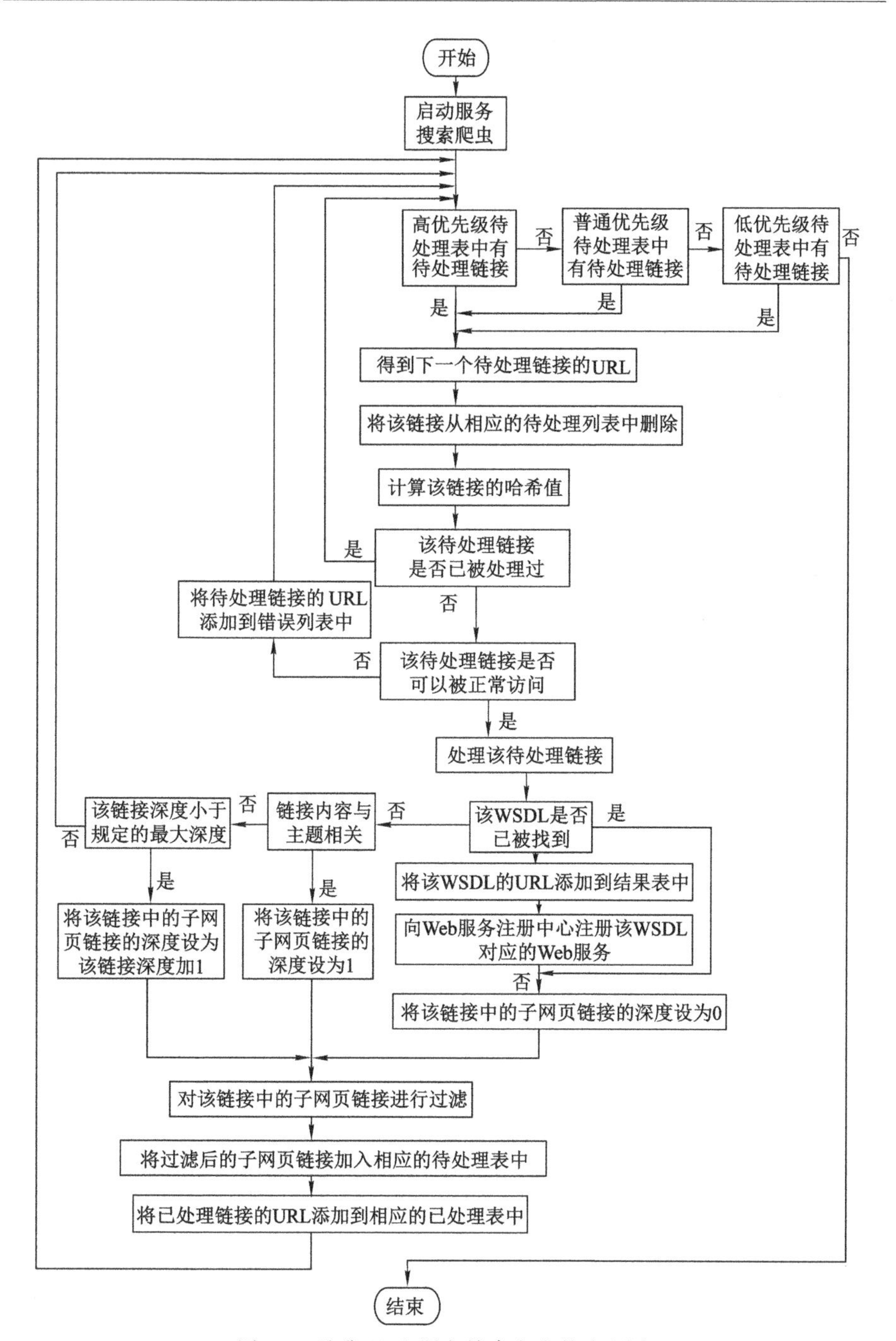

图 4-4　聚焦 Web 服务搜索爬虫的流程图

获取 3 000 个有效的 Web 服务，该系统已经开始对外提供所搜索到的 Web 服务的访问功能(http://neuddi.neu.edu.cn)。图 4-5 给出了系统实现的界面。

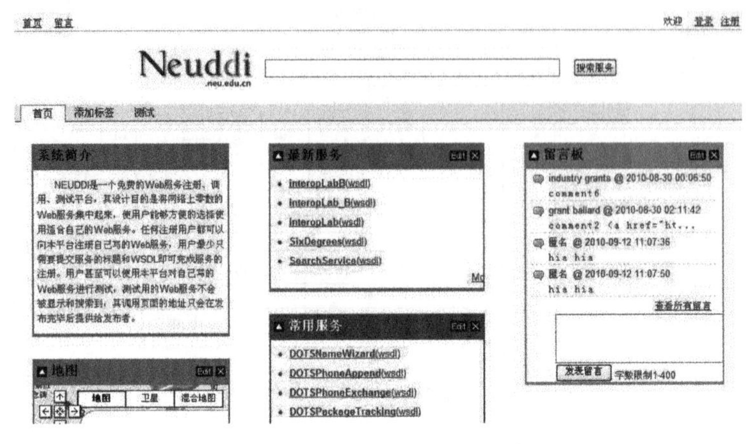

图 4-5 NEUDDI 系统界面

4.4 实验仿真

4.4.1 实验设置

在本书所构建的实验平台基础上，模拟了一个存在不可信服务提供者和使用者的系统，以验证本书所给出的 Web 服务 QoS 可信度评价方法在存在不可信 Web 服务环境中的效用。

实验中，在服务搜索引擎中选取 500 个候选 Web 服务，分为 5 个领域，设置 15 个 Web 服务的 QoS 评价指标，并模拟监控软件为每一个服务生成 100 条监控样本数据。一个 Web 服务的一次可信度评价，可用一个矩阵表示。对于 n 个取定的服务监控数据，服务 QoS 的 m 个指标的值用 $x_j(j=1,2,\cdots,m)$表示，j 为评价指标数。实验中取 $n=500$，$j=5$，则组成评价矩阵 $x_{ij}(i=1,2,\cdots,501,j=1,2,\cdots,5)$，其中 i 为监控数据数量和一条被评测服务的 QoS 指标数据的集合。为使不同数量级别的指标统一到同一数量级，对矩阵 x_{ij} 和服务的 pQoS 组成新矩阵进行无量纲化。

如果令 $M_j=\max\{x_{ij}\}$，$m_j=\min\{x_{ij}\}$，则：

$$x_{ij}^*=\frac{x_{ij}-m_j}{M_j-m_j} \text{ 且 } x_{ij}^* \in [0,1] \tag{4-6}$$

在实验中，选择了 5 个通用 QoS 属性，分别为响应时间、吞吐量、价格、可靠性和可用性。

处理后的属性集和结果见表 4-1，表中属性经过换算都为极小型指标，且经过无量纲化处理。

表 4-1　Web 服务属性及其取值

属性	取值范围	属性	取值范围
响应时间	0.01～0.99	可靠性	0. 01～0.99
吞吐量	0. 01～0.99	可用性	0. 01～0.99
价格	0. 01～0.99	……	……

首先，对 $WSrepu_u$ 的计算进行仿真实验，设置计数器 z，令 $y_i = x_{101,j}{}^* - x_{ij}{}^*$，$i=1,2,\cdots,100$，$j=1,2,3,4,5$，计算 y_i 的时候，如果出现结果小于 0 的值，则代表该服务存在一次欺诈行为，计数 z 加 1，继续进入下一行运算。最后得出 Web 服务的 QoS 可信度结果：$WSrepu_u = \frac{100-z}{100}$，其中 $WSrepu_u$ 代表 n 次监控过程中 Web 服务指标完全满足 pQoS 的比率。

接下来对 $WSattrRepu_u$ 的计算进行仿真实验，令 $z_j = x_{101,j}{}^* - x_{ij}{}^*$，$i=1,2,\cdots,100$，$j=1,2,3,4,5$，计算基于 mQoS 样本数据的 QoS 可信度 $mWSattr_{ui} = sum(z_j)$。同样，可计算基于 eQoS 样本数据的单个 QoS 指标可信度 $eWSattr_{ui}$。结合式(4-4)、式(4-5)可得：

$$WSattrRepu_u = \rho_{ui} \otimes (eWSattr_{ui} + mWSattr_{ui}) \tag{4-7}$$

4.4.2　实验分析

实验中，在 5 个领域中随机发起一次服务选取，生成一个包含 100 个 Web 服务的候选服务集，根据所在领域选取该领域 Web 服务可信度评价的指标，并计算每个指标的可信度。由于不同服务使用者给出的满意度评分通常存在差异，但大多数满意度评分集中在某一分值附近，不同服务使用者给出的满意度可能偏高或者偏低，不具有规律性，因此采用随机数的方法产生，且符合正态分布，对每个 Web 服务选择 20 个服务使用者产生评价数据，并随机生成 20 个监控数据。

(1) Web 服务可信度计算效果

根据 Web 服务发布者提供的 QoS 信息、用户评价信息和监控 QoS 信息，利用式(4-2)、式(4-4)和式(4-5)计算得到一个 Web 服务的可信度,如图 4-6 所示。

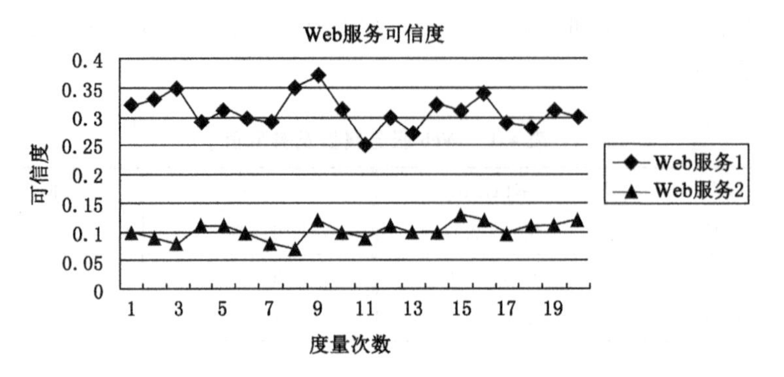

图 4-6　Web 服务可信度计算结果

实验对两个 Web 服务的可信度进行 20 次度量。实验结果显示,随着测量数据的增多,其可信度值分布均匀,说明利用本章提出的可信度即使在数据较少的情况下也可得到较为准确的可信度结果。通过 20 次度量后,得到的 Web 服务 1 的可信度值为 0.31,Web 服务 2 的可信度值为 0.1,这说明 Web 服务 2 的发布 QoS、监控 QoS 和反馈 QoS 更接近,其 QoS 的可信度更高。

(2) 考虑可信度的组合服务选取成功率

QoS 计算主要是为了减少服务选取过程中的候选服务数,并且提高 Web 服务选取的查准率,以文献[44]提出的组合 Web 服务选取算法为例,在候选服务集为 100、200、300、500、800 的 5 个候选服务集上进行 Web 服务选取,其实验结果如图 4-7 所示。

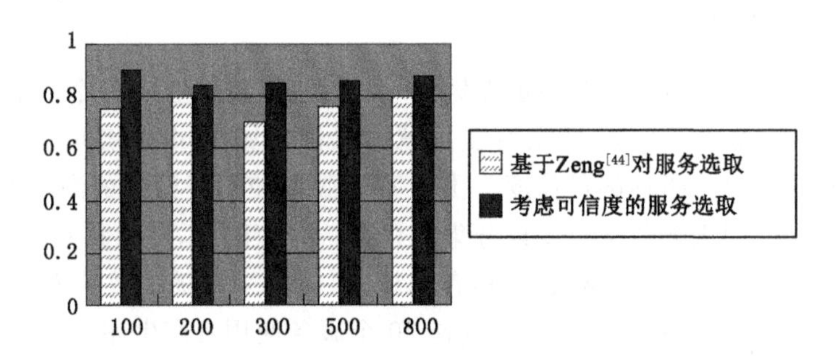

图 4-7　组合服务选取成功率

在实验中，如果 Web 服务选取过程中选择了一个具有虚假 QoS 信息的 Web 服务，那么这次服务选取被认为是失败的。实验结果显示，考虑可信度的 Web 服务选取首先可以减少候选服务的数量，其次可以保证参加服务选取的 Web 服务 QoS 可信度，这两方面都保证了考虑可信度的 Web 服务选取效率的提高。

(3) 可信度执行效率分析

Web 服务的 QoS 可信度评价可以有效减少候选服务及数量，提高服务选取效率[87]。通过表 4-1 的仿真实验设置，对于不同数量的样本数据，图 4-8 给出了 $WSrepu_u$ 和 $WSRA_u$ 算法的效率分析。

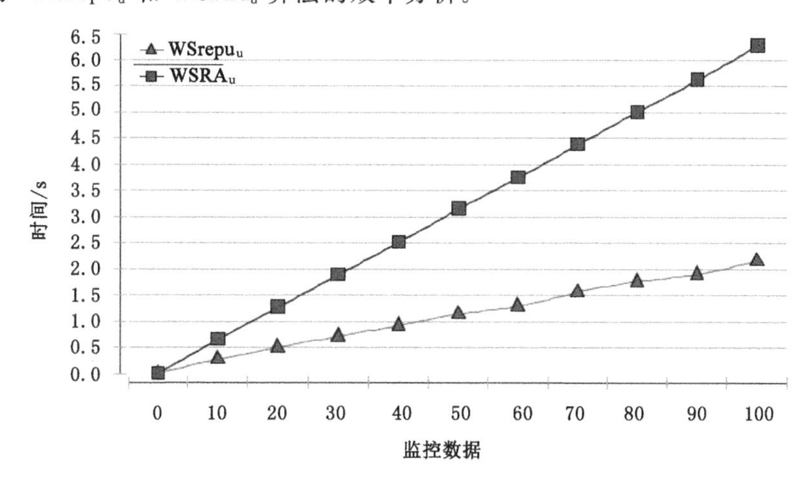

图 4-8　可信度执行效率分析

图 4-8 表明了样本数量和算法执行时间的关系。实验显示 $WSRA_u$ 的计算效率要低于 $WSrepu_u$，且两种算法耗时都随着监控样本数据的增多保持线性增长，所以监控样本数据不宜过大。

虽然可信度的计算降低了服务选取算法的执行效率，但是考虑到一次可信度评价的结果可以多次使用，所以两种方法都可以采用。

Zeng 等[44]的算法是典型的基于全局优化的服务组合选取问题，其算法效率取决于候选服务数量[88-90]。目前在组合 Web 服务选取方面，已经提出的算法包括整数规划、遗传算法、神经元网络等，本书提出的 QoS 可信度评价应用于抽象服务模型确定之后和具体服务选取[91-92]之前。在具体服务选取前，减少候选服务数量，从而提高服务选取算法的效率，并且增加组合 Web 服务选取算法的可靠性。基于 QoS 可信度的 Web 服务选取效率取决于 $WSrepu_u$

及 $WSRA_u$ 的大小，如果 $WSrepu_u$ 及 $WSRA_u$ 取值越大，说明对 Web 服务 QoS 可信度要求越高，如果都取值为 1，说明要求候选服务完全可靠，此时候选服务数量最少；$WSrepu_u$ 及 $WSRA_u$ 值逐渐变小，候选服务数量逐渐增多，Web 服务选取算法效率逐渐降低，当 $WSrepu_u$ 及 $WSRA_u$ 取值为 0 的时候，Web 服务组合选取效率最低，等同于 Zeng 等[44]的选取效率。

在 QoS 可信度评价过程中，参与评价的指标数及可信度选择对候选服务数都有较明显的影响，图 4-9 显示了这种影响。

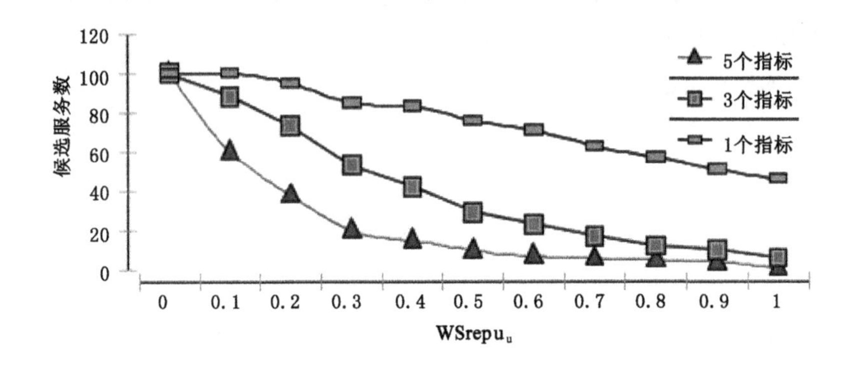

图 4-9　指标对 WS 选取的影响

根据图中的曲线可知，参与可信度评价的指标数及不同的可信度对参与选取算法的候选服务会产生一定影响。参与评价的指标越多，服务可信度越低；指标数确定情况下，不同的可信度要求也会对候选服务数产生影响。所以，在进行 QoS 可信度评价的时候，指标数量的选取应该适当，当选择的指标过少的时候，候选服务和不采用可行性评价变化较少，可信度评价效果不明显；当选择 5 个指标的时候，随着可信度的提高，候选服务数发生变化趋势较大，稳定性较差；针对本书的实验设置，采用 3 个指标较为理想。

指标数确定的情况下，随着可信度的提高，候选服务数不断减少，当 $WSrepu_u$ 为 1 的时候，候选服务数最少，此时的候选服务是完全不存在欺诈行为的服务，候选服务数量较少；当 $WSrepu_u$ 为 0 的时候，表示对 Web 服务的 QoS 可信度没有要求，此时候选服务数为符合功能要求的数量；所以，$WSrepu_u$ 的取值应该适中，针对本书实验设置，$WSrepu_u$ 取 0.6 的时候，效果比较明显。

4.5　本章小结

以 QoS 为评价对象的服务质量度量成为关键问题之一，目前的研究主要集中在 QoS 的质量度量算法方面，对于 QoS 的可信度研究较少，在 QoS 驱动的 Web 服务选取的时候，如果获取的 QoS 信息本身的可信度得不到保证，那么选取结果也并不可靠，所以 QoS 驱动的 Web 服务选取的第一个核心问题是选取所基于的 QoS 信息是否是可靠的、可信的。

本章提出了 QoS 可信度的两种评价方法，分别讨论了服务 QoS 可信度及 QoS 指标可信度的评价方法。

本章的主要贡献：

(1) 通过可信度评价，可以有效减少公共服务注册库中虚假、失效的 Web 服务，使得参与服务选取的服务 QoS 数据更加可信。

(2) 在服务选取中，如果候选服务数量比较多，可信度评价能够减少候选服务数量，从而提高服务选取效率。

(3) $WSRA_u$ 可以应用于个性化的服务选取中，不同服务请求者对服务 QoS 指标的关心程度各异，$WSRA_u$ 可以只计算请求者关心的 Web 服务某一领域属性的指标可信度。

在 Web 服务 QoS 可信度评价过程中，动态网络环境对可信度评价会产生影响，在下一步工作中，将针对可信度评价的准确性进行进一步研究。

第5章 基于服务使用信息的服务QoS约束生成方法

随着Web服务体系结构及相关技术不断趋于完善，其应用也越来越广泛，将会有越来越多的用户参与到服务的使用和反馈当中，同时也会有越来越多的具有欺骗性质或者不负责任的用户来干扰其他用户的使用行为。根据在电子商务领域的观察发现，当超过一定数量的购买者对某件商品给予较好评价后，那么之后的购买者普遍倾向于购买这件商品[93-95]。这说明根据先买者的购买行为向后买者推荐的商品具有很强的参考性。可以将用户使用的服务和用户购买的商品做一个对比，其他用户的服务使用经验对于后续的服务使用者有很强的指导意义[96]。本章所做工作借鉴当前在电子商务领域的研究方法，把用户参与Web服务选取行为以及用户的反馈行为引入服务质量评价的过程中，实现QoS驱动的Web服务选取的指标及权重的选择。

目前，对用户行为研究较多的是在电子商务及Web网页排序领域，其中对于用户行为分析的研究主要集中在通过对用户浏览及点击行为的分析，得到用户的偏好，从而为用户推荐更合理的信息或者对现有的方法进行改进[92-101]。文献[97]提出一种通过对用户的点击和阅读行为进行分析，得到用户的偏好数据，进而设计一种自适应的评分推荐机制的方法。文献[100]通过对用户点击流进行分析，提出了一种对Web请求分类的方法，并将该分类用于Web服务QoS控制策略中。文献[101]提出了一种Web服务的性能管理方法，通过资源优化器计算系统能够处理的请求并发数的目标优化函数，对服务请求进行分类调度，实现系统性能最优的同时达到对服务的分级。在本章研究中，着重分析了Web服务使用者在使用Web服务后对Web服务的评价行为，通过分析用户的评价结果判定用户是否对所调用的Web服务满意，从而判断一次Web服务选取是否成功。在对文献[92-101]提出的用户行为分析技术的基础上，本章提出一种对用户反馈行为进行分析的方法：一方面，为了保证服务QoS信息的公正和正确，需要从用户使用服务的信息中获得服务的QoS信息；另一方面，某些领域QoS信息通常只能是在服务调用时获得，若想根据它们进行服务选取时，只能根据已经使用过的用户提供使用信息，根据这些信息进行统计，依据统计值进行服务选取，如一个提供视频下载的Web服务的丢包率是一个领域QoS属性，只能在当前调用该服务时能获得该属性值，如果根据该属性值进行服务选取，就需要从已有的用户使用过的信息中统计出一个平均值，依据统计值进行选取。

如果多个用户对同一个Web服务的QoS指标都比较关注，那么说明这个QoS指标很重要。对于有约束条件的Web服务选取，如果约束条件是用户选择的，而且用户在使用服务后的反馈结果比较好，那么说明用户选择的约束条件很合理。因此，在QoS驱动的Web服务选取中，不能忽略用户的行为对服务选取过程的影响。同样，对于不同领域、不同功能的Web服务，用户关心的服务QoS指标也不相同，有些用户关心服务的响应时间，有些用户关心服务的价格。不同的用户对服务质量的要求是不同的，即使是相同的用户，在不同场景下对服务质量的要求也各不相同。

以一个购买奶粉的服务为例，假设顾客甲和顾客乙同时需要到超市购买奶粉，而评测奶粉质量有很多个指标。顾客甲知道如何通过某些指标判断奶粉的质量，此时他对超市提出一个购买奶粉的请求，同时提出对质量的要求是＜进口，有效期内，颜色乳白，包装完整＞，此时，顾客甲是基于QoS约束选择奶粉，且认为自己所提出的指标在判断奶粉质量的时候最重要，顾客甲购买奶粉的场景称为有约束的服务选取；顾客乙对奶粉没有了解，并且不知道应该通过哪些指标来判断奶粉的质量，但是他可以通过各种途径收集、统计其他曾经购买过奶粉的顾客QoS约束信息（包括顾客甲的QoS约束信息），来学习如何判断奶粉的质量，通过学习，顾客乙最后知道该用哪些指标评测奶粉质量的好坏，从而购买到满意的奶粉，顾客乙购买奶粉的场景称为无约束的服务选取。

与购买奶粉的过程相类似，对服务的选取过程不能将有约束的用户选取行为和无约束的用户选取行为割裂，可以通过统计有效的有约束选取行为，将得到的统计结果发送给没有经验的用户，帮助他们进行无约束的服务选取工作。

已有研究中把有约束和无约束的Web服务选取分开研究，研究者普遍认为QoS驱动的服务选取流程中都默认用户提出一定的需求信息[18-20]，服务请求者不仅提出需要服务的功能性需求，同时还提出一些约束信息，服务选取组件在UDDI中选择满足服务请求者功能需求的服务集合，在满足服务请求者的QoS约束服务中选择最优的服务返回给服务请求者。但是在这种场景下，对于一些没有相关领域知识的用户，则无法提出 QoS 约束，或者这些用户希望系统能够推荐一些 QoS 指标来帮助选择更适合自己的 Web 服务。本章针对该问题，提出了一种基于服务使用信息的 Web 服务评价模型，提出把 Web 服务选取分为有约束条件场景和无约束条件场景两种。对于有约束条件的 Web 服务选取场景，给出一种选取模型，模型在 Web 服务选取过程中对服务使用信息进行收集及分类；对于无约束条件的 Web 服务选取场景，利用收集到的服务信息进行 Web 服务 QoS 的评价。Web 服务具有领域特性，不同领域的 Web 服务质量评价的指标各不相同，由于领域众多，在评价 Web 服务质量的时候，评价指标的定义一直是一个比较困难的问题。基于服务使用信息的 Web 服务评价模型能够很好地解决这个问题，适用于不同领域的 Web 服务 QoS 评价的指标选择问题。

针对以上问题，本章主要做了以下工作：

(1) 针对有约束的服务选取行为，提出一种有约束的 Web 服务质量度量算法。该算法实现在满足服务请求者约束条件下，选择最优服务返回给服务请求者。

(2) 针对无约束的服务选取行为，提出一种基于约束信息生成的 Web 服务 QoS 度量算法。该算法通过收集、分析已有服务请求者选取行为的约束信息指标及权重，生成对无约束的 Web 服务 QoS 度量指标及指标权重，实现无约束的服务选取过程中的 Web 服务 QoS 度量方法，该方法支持面向领域的 Web 服务 QoS 度量。

5.1 用户调用服务行为信息分析

【定义 5-1】 QoS 约束信息。用户 u_i 的每一个服务查询操作 op_i 对应一条约束信息 SCD(Service Constraint Data)，SCD 描述为：

$$SCD_{WS_i} = < WS_i, cData_{WS_i}, Time_{WS_i} > \tag{5-1}$$

式中，WS_i 表示约束信息记录所属于的 Web 服务名称；$Time_{WS_i}$ 为本次约束信息记录的生成时间；$cData_{WS_i}$ 由式(5-2)定义。

【定义 5-2】 QoS 约束属性向量。服务请求者的约束 QoS 中包含 q 个属性约束值，用一个向量 $cData_{WS_i}$ 表示：

$$cData_{WS_i} = (cQoS_{WS_i}^1, cQoS_{WS_i}^2, \cdots, cQoS_{WS_i}^j, \cdots, cQoS_{WS_i}^q)^T \tag{5-2}$$

式中，$cQoS_{WS_i}^j$ 为第 j 个 QoS 约束属性及属性约束值，用一个四元组表示：

$$cQoS_{WS_i}^j = < cQoSName_{WS_i}^j, \{cQoSVal_{WS_i}^{j1}, cQoSVal_{WS_i}^{j2}\}, cQoSExp_{WS_i}^j, cQoSW_{WS_i}^j > \tag{5-3}$$

式中，$cQoSName_{WS_i}^{j}$ 表示第 j 个 QoS 约束属性名(如价格)；$\{cQoSVal_{WS_i}^{j1}, cQoSVal_{WS_i}^{j2}\}$表示第 j 个 QoS 属性的约束值；$cQoSExp_{WS_i}^{j}$ 表示第 j 个 QoS 属性的约束表达式，可以是"＜""＞""[]"，其中"＜"表示所选服务的第 j 个 QoS 属性值要低于指定的属性值，"＞"表示所选服务的第 j 个 QoS 属性值要高于指定的属性值，"[]"表示所选服务的第 j 个 QoS 属性值要介于指定的属性值之间，当 $cQoSExp_{WS_i}^{j}$ 为"＜"或"＞"时，$cQoSVal_{WS_i}^{j2}$ 可以省略(如{30，50})；$cQoSW_{WS_i}^{j}$ 表示第 j 个 QoS 属性的权重(如 0.85)，则 $cQoS_{WS_i}^{j}$ 表达了用户的一项完整的 QoS 约束信息(价格在 30～50，权重为 0.85)。

【定义 5-3】 有 n 个服务的候选服务集合的约束信息集合。根据用户的功能性需求选取出的所有候选服务的约束信息的集合定义为：

$$allSCD = \{SCD_{WS_1}, SCD_{WS_2}, \cdots, SCD_{WS_i}, \cdots, SCD_{WS_n}\} \tag{5-4}$$

式中，SCD_{WS_i} 表示第 i 个服务的所有约束信息的集合。

【定义 5-4】 候选服务集合中第 n 个服务的 QoS 约束属性结果向量定义为：

$$cQoS = (cQoS_{WS_n}^{1}, cQoS_{WS_n}^{2}, cQoS_{WS_n}^{3}, \cdots, cQoS_{WS_n}^{j})^{T} \tag{5-5}$$

5.2 用户反馈行为模型

用户对于 Web 服务质量的反馈行为发生在对服务使用完成后，在用户调用服务的过程中，监控软件对于服务的监控信息的反馈是用户反馈信息的一部分，这部分信息是伴随着用户使用服务自动产生的，无论服务使用是否成功都会产生，并且不需要用户特别的反馈行为。用户的另一种反馈行为主要发生在服务调用成功的场景下，当服务使用完成后，用户根据自身对服务的体验，按照反馈模型为其提供的反馈提示，从不同的侧面对服务的质量给出自己的反馈信息。这部分信息包含了用户的主观见解，对于用户级别的评价以及经验 QoS 信息的过滤起着主要作用。

服务调用成功后，用户对于服务质量的反馈主要体现在用户对服务质量的满意度。用户满意度是指用户在使用服务的过程中服务的交付与用户期望的契合程度。用户的需求多元化、个性化和综合化，使得服务提供者要以用户为中心，关注用户的需求意向和目标，这是服务设计的基本原则。除了 2003 年 W3C 给出的 13 个通用指标之外，还有不少的研究者提出一些新的度量指标，如响应时间、吞吐量、易用性、稳定性、声誉等，以及领域相关的 QoS 属性度量指标。考虑到 Web 服务度量指标的多样性和复杂性，对于用户反馈指标的指定，本书采用前面介绍的专家评价方法来获得服务的每个评价指标的重要性，选取相对重要且用户有较高感知度的指标为用户的反馈行为定制反馈模型库。当某个用户对服务进行评价时，从反馈模型库中选取合适的反馈模型作为此用户的反馈模型。对于反馈模型中的每一种指标，本书为用户提供 5 个选择级别＜满意，比较满意，基本满意，比较不满意，不满意＞，对应的量化系数为＜1，0.8，0.6，0.4，0.2＞。如果服务调用失败，服务完全不能满足用户的需求，虽然用户无法对服务给出相应的反馈信息，但是对服务调用失败过程的监控信息可以很好地代表用户对于服务的反馈信息。

5.2.1 用户反馈信息

用户反馈信息体现了用户对一次 Web 服务质量的感知满意度，假设用户对一次 Web 服务调用反馈的满意度较高，那么这次服务调用的用户行为信息的作用更重要。同时，对于一个用户对多个 Web 服务的评价，如果每次的评价结果都比较客观、真实，那么这样的用户提供的数据更真实可靠，这些用户可以成为专家用户。为了更好地获取、利用用户反馈信息，首先给出反馈信息的相关定义。

【定义 5-5】 用户 u_i 对于 Web 服务 WS_j 的第 k 次反馈信息定义为：

$$eQoS^k_{u_i WS_j} = < u_i, WS_j, eData^k_{u_i WS_j}, eTime^k_{u_i WS_j} > \quad (5-6)$$

式中，u_i 表示用户 i；WS_j 表示服务 j；eTime 表示用户反馈的时间，eData 为用户的反馈数据，由式(5-7)给出。

【定义 5-6】 用户的反馈数据定义为：

$$eData^k_{u_i WS_j} = (eQoS1^k_{u_i WS_j}, eQoS2^k_{u_i WS_j}, \cdots, eQoSr^k_{u_i WS_j}, \cdots, eQoSn^k_{u_i WS_j})^T \quad (5-7)$$

式中，$eQoSr^k_{u_i WS_j}$ 表示 u_i 对 WS_j 的反馈 QoS 中第 r 个指标的满意度，用户的满意度可通过以下定义描述：

$$eQoSr^k_{u_i WS_j} = < eQoSNamer^k_{u_i WS_j}, eQoSExpr^k_{u_i WS_j}, \{eQoSValr^{k1}_{u_i WS_j}, eQoSValr^{k2}_{u_i WS_j}\} > \quad (5-8)$$

式中，$eQoSNamer^k_{u_i WS_j}$ 表示 u_i 对 WS_j 反馈的第 r 个指标的属性名称；$eQoSExpr^k_{u_i WS_j}$ 表示用户 u_i 对服务 WS_j 的第 r 个指标满意度的表达式运算符，可以是"＝""＜""＞""[]"，其中"＝"表示用户 u_i 对服务 WS_j 的第 r 个 QoS 属性的满意度等于某个指定的值，"＜"表示用户 u_i 对服务 WS_j 的第 r 个 QoS 属性的满意度低于某个指定的值，"＞"表示用户 u_i 对服务 WS_j 的第 r 个

QoS 属性的满意度高于某个指定的值，“[]”表示用户 u_i 对服务 WS_j 的第 r 个 QoS 属性的满意度介于某两个指定的值之间；{ $eQoSValr^{k1}_{u_i ws_j}$，$eQoSValr^{k2}_{u_i ws_j}$ }表示用户 u_i 对服务 WS_j 的第 r 个 QoS 属性的满意度值，当 $eQoSExpr^{k}_{u_i ws_j}$ 为“＝”“＜”“＞”时，$eQoSValr^{k2}_{u_i ws_j}$ 可以省略。例如，$eQoSExpr^{k}_{u_i ws_j}$ 为“[]”，{ $eQoSValr^{k1}_{u_i ws_j}$，$eQoSValr^{k2}_{u_i ws_j}$ }为{0.6，0.8}表示用户 u_i 对服务 WS_j 的第 r 个 QoS 属性的满意度值在 0.6～0.8 之间。

5.2.2　用户反馈行为分析

用户反馈行为分析是指在获得用户反馈数据信息的情况下，对有关数据的真实性及有效性进行统计分析，并将分析结果一方面与 Web 服务的选取相结合，为后续用户行为信息收集提供依据；另一方面用于对用户反馈信息的过滤，使得服务评价中获取的 eQoS 能更真实地反映服务的真实质量。

根据前面对于用户反馈信息的定义，根据式(5-6)、式(5-7)定义获得的 u_i 对 WS_j 的所有反馈行为记录 m，得到 u_i 对 WS_j 的总体评价信息集合为：

$$eData_{u_i ws_j} = (eQoS1_{u_i ws_j}, eQoS2_{u_i ws_j}, \cdots, eQoSr_{u_i ws_j}, \cdots, eQoSn_{u_i ws_j})^T \tag{5-9}$$

式中，$eQoSr_{u_i ws_j}$ 可以表示为二元组 $< eQoSNamer_{u_i ws_j}, eQoSValr_{u_i ws_j} >$，并且 $eQoSValr_{u_i ws_j} = \frac{1}{m}\sum_{k=1}^{m} eQoSr^{k1}_{u_i ws_j}$。

通过计算 u_i 对 WS_j 质量的反馈信息，利用前文提到的服务评价方法计算得到的 WS_j 的质量度量结果的相似度来对用户反馈信息的真实性及有效性进行度量，从而得到用户的反馈信誉度级别。WS_j 的对应指标的度量结果为：

$$QoS_{ws_j} = (QoS1_{ws_j}, QoS2_{ws_j}, \cdots, QoSr_{ws_j}, \cdots, QoSn_{ws_j})^T \tag{5-10}$$

$eData_{u_i ws_j}$ 与 QoS_{ws_j} 的相似度可以通过式(5-11)进行计算，为了表示方便，简单地用 e 代表 $eData_{u_i ws_j}$，用 s 代表 QoS_{ws_j}：

$$r_{es} = \frac{\sum_{h=1}^{q} |x_{eh} - \overline{x_e}|\,|x_{sh} - \overline{x_s}|}{\sqrt{\sum_{h=1}^{q}(x_{eh} - \overline{x_e})^2}\sqrt{\sum_{h=1}^{q}(x_{sh} - \overline{x_s})^2}}$$

其中

$$\overline{x_e} = \frac{1}{q}\sum_{h=1}^{q} x_{eh}, \quad \overline{x_s} = \frac{1}{q}\sum_{h=1}^{q} x_{sh} \tag{5-11}$$

式中，q 表示参与度量的 QoS 属性的数量，上式中对于相似度的计算指的是通过对应属性的属性值的计算获得 $eData_{u_i WS_j}$ 与 QoS_{WS_j} 的相似度。

假设根据对用户反馈行为获取结果的分析，u_i 发生回馈行为的所有不同 Web 服务的数量为 n，通过算得每个服务的反馈信息与度量结果的相似度，可以求得 u_i 的平均信誉程度：

$$Repu_{u_i} = \frac{1}{n}\sum_{i=1}^{n} r_{es} \tag{5-12}$$

用户信誉度级别的计算结果的应用主要有两个方面：① 为服务选取结果列表中的服务提供用户推荐度；② 对服务评价过程中 eQoS 信息进行过滤。

(1) 服务选取结果列表中的服务用户推荐度的计算

用户推荐度决定了哪些用户的反馈信息质量较高、哪些质量较低，用户推荐度较高的行为信息将会被优先使用。

通过基于 QoS 约束或者无 QoS 约束的服务选取方法，可以获得具有 s 个服务的匹配结果列表，即：$rQoS = \{rQoS_{WS_1}, rQoS_{WS_2}, \cdots, rQoS_{WS_j}, \cdots, rQoS_{WS_s}\}$，根据对用户反馈行为模式的获取结果，可以获得列表中每个服务的所有用户反馈信息，对于列表中的服务 WS_j，假设有 h 个用户对其进行了反馈，并且 h 个用户对服务 WS_j 的整体满意度如下：

$$eSati_{WS_j} = \{eSati_{u_1 WS_j}, eSati_{u_2 WS_j}, \cdots, eSati_{u_i WS_j}, \cdots, eSati_{u_h WS_j}\} \tag{5-13}$$

其中，$eSati_{u_i WS_j}$ 表示用户 u_i 对服务 WS_j 的整体满意度，计算方法如下：

$$eSati_{u_i WS_j} = \frac{1}{n}\sum_{r=1}^{n} eQoSr_{u_i WS_j} \tag{5-14}$$

则用户对于 WS_j 的推荐系数为：

$$eRecom_{WS_j} = \frac{1}{h}\sum_{i=1}^{h} Repu_{u_i} \times eSati_{u_i WS_j} \tag{5-15}$$

从而得到考虑推荐系数的用户服务选取最终结果列表：

$$rWS = \{rWS_1, rWS_2, \cdots, rWS_j, \cdots, rWS_n\} \tag{5-16}$$

式中，$rWS_j = \langle rQoS_{WS_j}, eRecom_{WS_j} \rangle$，表示按照服务度量结果大小排序的服务选取结果列表中第 j 个服务的服务质量及推荐系数。

(2) 考虑信息过滤的用户 eQoS 获取

用户的经验 eQoS 对服务的选取起着重要的作用，因而用户经验 QoS 数据的准确性是非常关键的，本书在对用户反馈信息准确度以及用户信誉度级别分析的基础上，对用户行为模式挖掘的结果进行过滤，得到用于服务评价的 eQoS 数据。对用户的信誉度级别设定阈值，只有信誉度级别高于该阈值的用户的经验反馈信息才参与服务 eQoS 的计算。

对于要计算其 eQoS 的服务 WS_j，对用户行为信息分析的结果，过滤掉信誉度级别低于指定阈值的用户的所有反馈信息，假设对于服务 WS_j，有 h 个信誉度高于阈值的用户对其进行了反馈，得到高信誉度级别用户的高准确度反馈信息，即：

$$\mathrm{eQoSVal}r_{\mathrm{WS}_j}=\frac{1}{k}\sum_{i=1}^{k}\mathrm{eQoSVal}r_{\mathrm{u}_i\mathrm{WS}_j} \tag{5-17}$$

式中，k 表示符合上述过滤条件的用户的数量，且 $k\leqslant h$。

5.3　基于用户约束使用信息的 Web 服务约束信息获取方法

假设服务请求者的约束 QoS 中包含 m 个属性约束值，用 S_c 表示：

$$S_c=(\mathrm{nQoS}_1,\mathrm{nQoS}_2,\cdots,\mathrm{nQoS}_k)^{\mathrm{T}}\quad(k=1,2,3,\cdots,m) \tag{5-18}$$

式中，nQoS_k 为第 k 个 QoS 约束属性及属性值；m 为约束属性的个数。

定义服务 u 的 QoS 和服务请求者的约束 QoS 的匹配公式为：

$$\mathrm{rQoS_u}=\sum_{h=1}^{k}\left(\frac{\mathrm{nQoS}_j-\mathrm{SCQoS}_{\mathrm{u}i}}{\mathrm{nQoS}_j}\times\lambda_j\right) \tag{5-19}$$

式中，$\mathrm{SCQoS}_{\mathrm{u}i}$ 表示服务 u 的第 i 个属性的值；nQoS_j 表示服务请求者请求的第 j 个约束 QoS 的值，且 nQoS_j 代表的属性和 $\mathrm{SCQoS}_{\mathrm{u}i}$ 代表的属性相同(假设同时代表服务的响应时间)；k 为服务请求者的约束条件的个数；λ_j 为服务请求者对 QoS 约束的权重表示，如果服务请求者没有给出约束的权重，设置为 $\lambda_1=\lambda_2=\lambda_3=,\cdots,\lambda_n=\frac{1}{n}$。

如果在匹配过程中存在某项属性值的匹配结果为负数($\mathrm{nQoS}_j-\mathrm{SCQoS}_{\mathrm{u}i}<0$)，则说明有不满足要求的 QoS，本次匹配结束；$\mathrm{rQoS_u}$ 为负数，表示服务 u 的 QoS 属性内一定有不满足服务提供者要求的约束项；$\mathrm{rQoS_u}$ 为零，表示服务 u 的 QoS 属性和服务提供者要求的恰好相同；$\mathrm{rQoS_u}$ 为正数，如果匹配过程中没有负数出现，rQoS 值越大，表示服务在满足服务提供者要求约束 QoS 的基础上服务的质量越高。

5.4 面向需求描述的 Web 服务约束生成方法

5.4.1 用户需求描述

用户参与 Web 服务选取首先需要明确自己的需求，用户需求的描述是服务描述的组成部分，用户需求的表达方式可以采用服务发现代理提供的固定模式，也可以与服务描述采用统一的描述模式。用户需求描述是连接服务提供者和服务使用者之间的一个约定。

在现有的 SOA 理论体系下，对用户需求的处理比较简单和直接。比如基于 WSDL 描述标准的 UDDI，它提供了基于关键字匹配的服务发现机制，用户可以通过 UDDI 预先提供的服务查询接口，基于服务提供者提供的 WSDL 信息，获取粗粒度的 Web 服务结果。目前，WSMO[101]、OWL-S[102]这类基于本体的服务描述语言既支持对服务的描述，又支持对用户需求信息的描述，在使用的时候，可以提出功能性的需求，也可以提出非功能性的约束信息。所以，在目前的技术条件下，用户可以有比较宽泛的需求表示空间，同时也能够通过本体的匹配、语义的逻辑推理等实现 Web 服务的发现、选取等功能。

这些用户需求表达方式给出了实现的方法，但是在实际应用中，目前的用户需求描述技术无法适应用户灵活多变的业务需求，而且这些描述技术都是针对通用、普通需求的用户，而不是面向具体业务领域，无法满足具有特殊业务需求的用户。而具有特殊领域性的用户多属于企业级用户，他们进行服务发现是为了选取适合的服务，构建适用自己企业的具体业务应用系统。在面向具体领域需求的背景下，用户需求在提出的同时还附加了潜在的业务需求，这些业务需求不能被已有的技术很好地表达。所以，在用户需求信息表达的过程中，需要增加新的面向领域的业务规则，以适应具有领域需求的用户进行服务发现及选取。

5.4.2 Web 服务约束生成过程

对于有约束的服务请求，按照提出的约束条件进行服务选取，并收集服务请求者的约束信息，根据收集的约束信息生成为每一个服务生成最优的约束信息集，并把约束信息集应用于无约束的服务选取中。在用户请求服务的时候，如果不输入约束信息，则按照生成的最优约束信息为用户选取服务。图 5-1 所示为约束信息生成中的角色及其职责示意图。

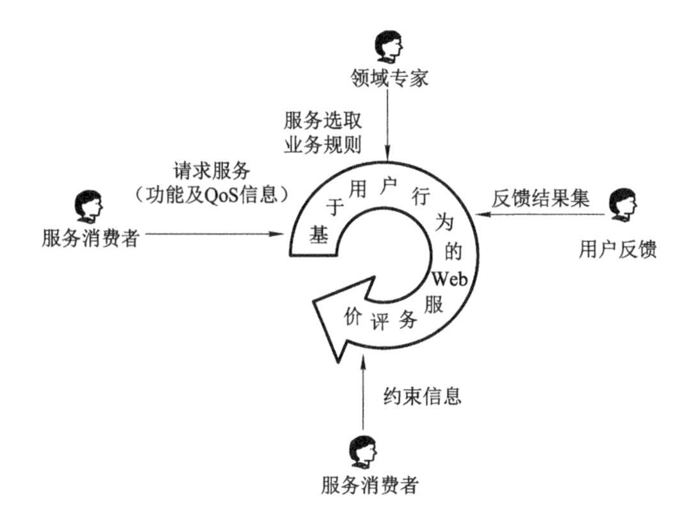

图 5-1　约束信息生成中的角色及其职责示意图

首先，服务消费者提交请求；然后，根据领域专家制定的业务规则及有约束的 Web 服务选取算法，进行 Web 服务选取，同时记录下用户提出的约束条件及权重；接着，获取用户对 Web 服务使用结果的评价信息，并选择用户满意度较高、服务选取较成功的选取过程提供的约束条件及权重生成约束信息集；最后，对一个无法提出约束信息的 Web 服务请求者，利用生成的约束信息集进行 Web 服务选取。

约束信息生成是根据有约束场景下的行为信息生成 Web 服务评价指标的过程，是基于服务使用信息的 Web 服务评价模型中的重要过程。图 5-2 给出了约束信息生成的体系结构。

在服务 QoS 约束信息生成的过程中分为了三个阶段：

(1) 服务请求者请求服务的过程。每次调用行为，如果用户希望输入约束条件，则根据所请求服务选择不同的业务规则，业务规则定义了用户需要输入的约束信息。服务选取根据输入的约束信息发出“请求服务”信息，根据服务选取算法进行“服务选取”，服务以列表的形式返回给用户，如果用户对所返回的服务满意，那么就进行服务的调用，如果用户对返回的服务不满意，则重新选择业务规则，再次进行服务选取。

(2) 服务调用结束后，用户反馈的过程。首先，用户使用完一组服务后，通过服务反馈功能提交对服务的反馈结果。由于不同 Web 服务的反馈数据

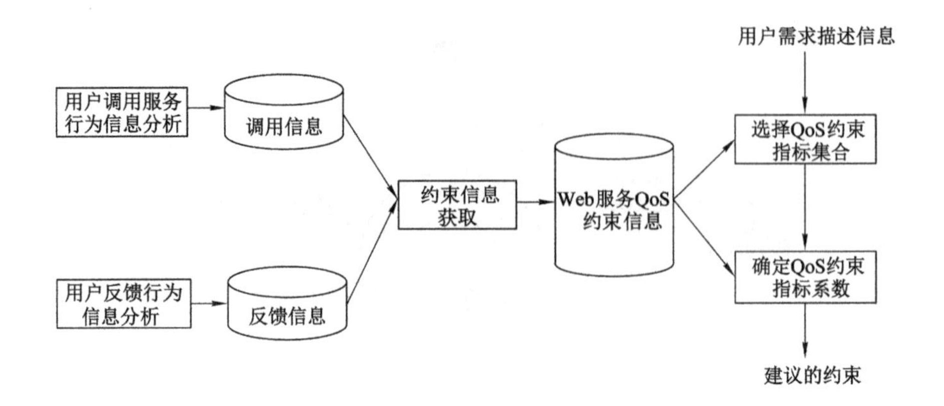

图 5-2　约束信息生成过程

可能不同，尤其是具有特定领域特性的 Web 服务可能具有特殊的评价指标，这也要求用户在进行反馈的时候可以对不同的 QoS 指标进行反馈。所以，在反馈前需要根据不同的服务选择适当的反馈业务规则。在选取反馈业务规则后，需要把用户的反馈信息进行存储，并对用户的反馈结果进行度量，由于反馈指标的不同，反馈的形式也可能不同，可能是数值型反馈(0～1 打分)，也可能是枚举型反馈信息(满意、比较满意、基本满意、比较不满意、不满意)，所以在此过程需要对反馈信息进行量化、统一标准。处理后的反馈信息将会用以评价用户对这次服务调用的满意程度，本书希望收集用户对服务满意度较高的反馈信息，并认为评价较高的服务代表成功的服务选取过程。

(3) 服务约束信息生成的过程。对于一次有约束的成功选取服务的选取活动，将会记录下这次服务选取的约束信息，通过多次记录结果生成无约束场景下的服务选取的约束信息。以购买冰箱的过程为例，当一个客户想购买一个冰箱，但是又无法给出评价冰箱质量好坏的指标时，通过收集、查询别人购买冰箱时使用过的指标信息，选择一个或多个成功购买冰箱的客户提供的指标项作为自己购买冰箱的指标。该阶段实现的是收集成功购买冰箱客户的指标信息的过程。

5.4.3　Web 服务约束生成方法

根据式(5-1)可以统计出一个服务在某一段时间内所有查询的约束条件的相关信息。对于一个无 QoS 约束的服务查询请求，WSB 根据符合功能性需求的候选服务集合的 ServiceID，在约束条件集合(Constraint Information

Set,CIS)中获取该服务集合中所有服务的约束条件,产生一个 CIS 记录。从这些约束条件中选择最重要的约束条件,并计算约束条件的权重,最后对服务的 QoS 进行度量。

一个有 n 个服务的候选服务集合的约束信息集合可以描述为:

$$\mathrm{nSCD_s} = < S_{c1}, S_{c2}, \cdots, S_{cn} >$$

式中,S_{ci} 表示第 i 个服务的所有约束条件的集合。

因此 QoS 计算模型包括:

(1) QoS 度量指标确定

对 $\mathrm{nSCD_s}$ 中的属性指标按出现次数从大到小排序,选择前 n 个属性值作为 QoS 度量的指标。该算法描述为:

$$\mathrm{cSCD_s} = \mathrm{Sort}(\mathrm{nSCD_s}) = \mathrm{Sort}[\mathrm{Count}(\mathrm{nQoS_1}), \mathrm{Count}(\mathrm{nQoS_2}), \cdots, \mathrm{Count}(\mathrm{nQoS}_n)] \tag{5-20}$$

式中,nQoS_i 为候选服务集中第 i 个属性值。取 $\mathrm{cSCD_s}$ 中前 m 个数据作为本次 QoS 度量的指标。最后得到 m($m \leqslant n$)个指标集为 $\mathrm{mSCD_s} = \{\mathrm{nQoS_1}, \mathrm{nQoS_2}, \cdots, \mathrm{nQoS}_m\}$。

(2) 系数确定

$\mathrm{mSCD_s}$ 是无 QoS 约束服务选取的指标集合,通过该指标对候选服务集中的服务进行度量,选择最优的服务返回给服务请求者。算法描述为:

$$\mathrm{sQoS_u} = k_1 \times \mathrm{nQoS_1} + k_2 \times \mathrm{nQoS_2} + \cdots + k_m \times \mathrm{nQoS}_m \tag{5-21}$$

式中,k_i 为各指标在 QoS 度量中所占的权重系数。

确定 $\mathrm{mSCD_s}$ 为无 QoS 约束服务选取的指标后,需要指定这些指标在评价服务时的权重系数。我们认为这些指标的权重系数不仅与指标在经验约束信息中出现的次数有关,而且与有 QoS 约束服务选取时指标被指定的权重比例有关。通过对每个指标被指定过的权重的分析,为指标确定权重系数。其中第 i 个指标所占的权重系数 k_i 的计算方法如下:

$$k_i = \frac{\mathrm{Count}(\mathrm{nQos}_i)}{\sum_{x=1}^{m} \mathrm{Count}(\mathrm{nQoS}_x)} \times \frac{\sum_{r=1}^{w} \rho_{ir}}{\sum_{i=1}^{m} \sum_{r=1}^{w} \rho_{ir}} \tag{5-22}$$

式中,m 为候选服务集合度量指标的数量;w 为经验约束信息中出现该约束信息的次数,且 $w \leqslant m$;$\sum_{r=1}^{w} \rho_{ir}$ 为第 i 个指标的权重和;$\sum_{i=1}^{m} \sum_{r=1}^{w} \rho_{ir}$ 为所有指标的权重和。

5.5 实验仿真

5.5.1 实验框架

在仿真实验的过程中,“服务请求者约束信息收集”过程负责收集服务请求者收集 QoS 约束信息,通过“消息代理”保存在约束信息数据库中;服务选取的时候,“Web 服务约束信息收集”在约束信息数据库中获取服务的约束历史信息,通过“约束信息生成”计算出约束指标和指标的权值发送给“策略决策”过程,“策略决策”过程决定选择哪些指标作为约束条件。

仿真实验的框架如图 5-3 所示。

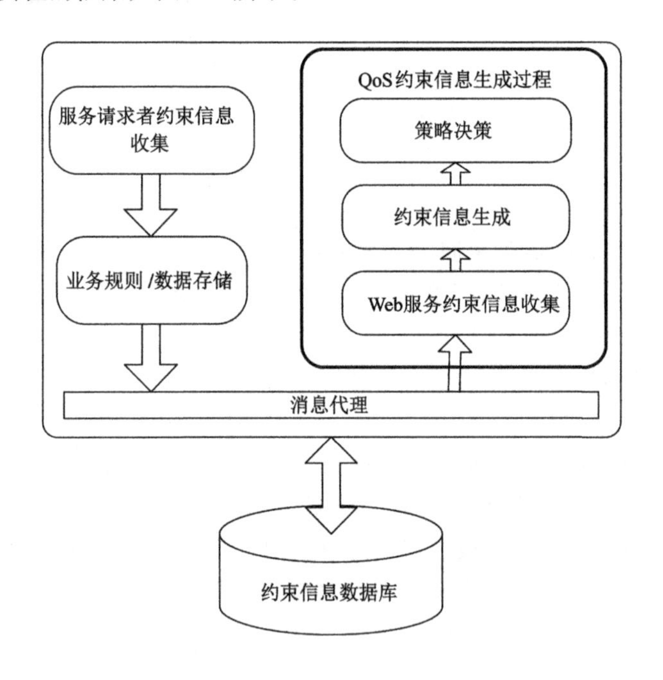

图 5-3　仿真实验框架结构

5.5.2 基于用户 QoS 约束的服务质量评价方法相关实验

实验模拟以“订飞机票”服务为例,在 Axis 平台上模拟 100 个提供订飞机票功能的服务,分别为其设定 pQoS、mQoS 和 eQoS 的度量指标(包括公共属性和领域属性)，并根据模拟服务的质量设置其属性值，其中pQoS和mQoS属性值的设定主要是采用随机的方式，eQoS属性值可以通过对模拟服务的调用并进行反馈产生。获得服务质量的相关信息后，便可以分有QoS约束和无QoS约束两种场景，对书中提出的方法进行实验，并进行用户反馈信息分析，对eQoS进行过滤，计算用户推荐系数，分析实验效果。“订飞机票”服务的QoS度量指标见表5-1。

表5-1　“订飞机票”服务QoS度量指标

属性	来源	取值	属性	来源	值
响应时间	pQoS、mQoS、eQoS	0～50	可访问性	pQoS、mQoS	0～1
安全性	pQoS	0～1	空乘质量	pQoS	0～1
乘坐舒适度	pQoS	0～1	旅程时间	pQoS	0～10
机票价格	pQoS、eQoS	0～5 000	行李遗失率	pQoS	0～1
机型安全系数	pQoS、eQoS	0～1	转机次数	pQoS、eQoS	0～5
完整性	mQoS	0～1	公司信誉度	eQoS	0～1

根据表5-1给定的度量指标及指标的取值范围，首先将服务的质量属性值转化为极大型属性，再对属性值进行归一化处理，这样对数据的处理在数量级和取值范围内都便于下一步的计算。

由于每个服务的指标都可能存在多次监控的数据和多次反馈的数据，因此首先需要进行数据统计，得到每个服务的每个属性的pQoS、mQoS和eQoS的统计值，统计结果见表5-2。

表5-2　“订飞机票”服务QoS指标统计结果

服务	安全性	公司信誉度	机票价格	机型安全系数	可访问性	空乘质量
12	0.62|0|0	0|0|0.867 5	0.62|0|0.787 5	0.62|0|0.842 5	0.62|0.665|0	0.62|0|0
13	0.63|0|0	0|0|0.8	0.63|0|0.825	0.63|0|0.79	0.63|0.81|0	0.63|0|0
14	0.64|0|0	0|0|0.826 7	0.64|0|0.81	0.64|0|0.89	064|0.95|0	0.64|0|0
15	0.65|0|0	0|0|0.75	0.65|0|0.75	0.65|0|0.7	0.65|0.874|0	0.65|0|0
16	0.66|0|0	0|0|0.75	0.66|0|0.853 3	0.66|0|0.746 7	0.66|0.905|0	0.66|0|0
17	0.67|0|0	0|0|0.72	0.67|0|0.755	0.67|0|0.85	0.67|0.925|0	0.67|0|0

表 5-2(续)

服务	旅程时间	乘坐舒服度	完整性	响应时间	行李遗失率	转机次数
12	0.62|0|0.825	0.62|0|0	0|0.9|0	0.62|0.837 5|0.815	0.62|0|0	0.62|0|0.95
13	0.63|0|0.95	0.63|0|0	0|1|0	0.63|0.57|0.895	0.63|0|0	0.63|0|1
14	0.64|0|0.91	0.64|0|0	0|0.7|0	0.64|0.67|0.873 3	0.64|0|0	0.64|0|0
15	0.65|0|0.906 7	0.65|0|0	0|1|0	0.65|0.89|0.875 7	0.65|0|0	0.65|0|0.9
16	0.66|0|0.846 7	0.66|0|0	0|1|0	0.66|0.697 5|0.863 3	0.66|0|0	0.66|0|0.933 3
17	0.67|0|0	0|1|0	0.67|0.73|0.9	0.67|0|0	0.67|0|0.8	0.67|0|0.65

表 5-2 中的每一行表示一个服务的 QoS 指标信息，每一个单元格表示一个度量指标，pQoS、mQoS 和 eQoS 通过“|”分割，比如服务 12 的响应时间“|0.62|0.837 5|0.815”表示服务 12 的响应时间的 pQoS=0.62、mQoS=0.837 5、eQoS=0.815。

根据式(3-18)计算服务的综合 QoS 值，其中取 $\alpha=0.2$、$\beta=0.2$、$\lambda=0.6$，结果见表 5-3。

表 5-3 “订飞机票”服务的综合 QoS

服务	安全性	公司信誉度	机票价格	机型安全系数	可访问性	空乘质量	旅程时间	乘坐舒适度	完整性	响应时间	行李遗失率	转机次数
12	0.124	0.520 5	0.596 5	0.629 5	0.257	0.124	0.619	0.124	0.18	0.780 5	0.124	0.694
13	0.126	0.48	0.621	0.6	0.288	0.126	0.696	0.126	0.2	0.777	0.126	0.726
14	0.128	0.496	0.614	0.662	0.318	0.128	0.674	0.128	0.14	0.786	0.128	0.728
15	0.13	0.45	0.58	0.55	0.304 8	0.13	0.674	0.13	0.2	0.834	0.13	0.67
16	0.132	0.45	0.644	0.58	0.313	0.132	0.64	0.132	0.2	0.789 5	0.132	0.692
17	0.134	0.432	0.587	0.644	0.319	0.134	0.524	0.134	0.2	0.82	0.134	0.614

在有 QoS 约束的场景下，服务请求者提供对于服务质量的约束信息，用户约束指标包括乘坐舒适度、公司信誉度、机票价格、机型安全系数、可访问性、空乘质量、旅程时间、完整性、响应时间、转机次数等。用户约束输入界面如图 5-4 所示。

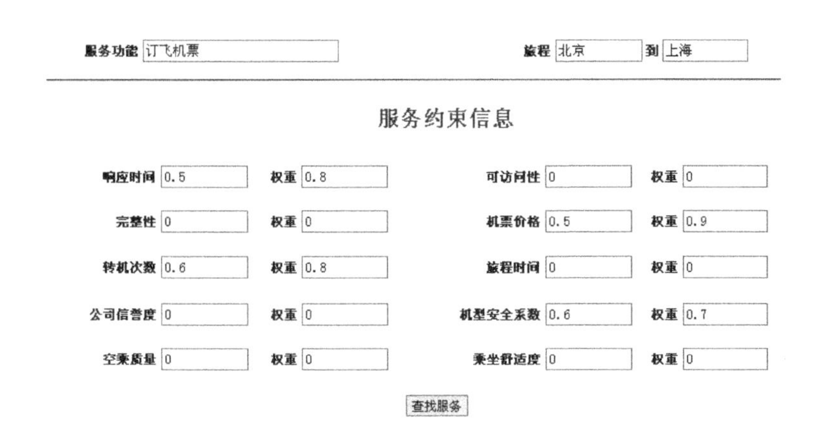

图 5-4　用户 QoS 约束输入界面

为了便于计算，用户输入的约束值为经过预处理之后的值（取值在 0～1 之间），根据用户的约束条件，使用式（5-19）进行服务匹配，如果匹配失败则结果为负数，匹配结果见表 5-4。

表 5-4　有 QoS 约束场景下“订飞机票”服务评价结果

服务	评价结果
12	0.407 1
13	0.431 3
14	0.477 2
15	−1
16	−1
17	0.376 3

由表 5-4 可以看到，服务 15 和服务 16 由于机型安全系数不能满足用户的约束（0.55＜0.6，0.58＜0.6），服务匹配失败。服务 12、13、14 和 17 将组成匹配结果列表返回给用户，其中服务 14 的最终匹配结果值最高。

5.5.3　无 QoS 约束场景下服务质量评价方法相关实验

无 QoS 约束场景下的服务评价由两部分构成，一部分是经验用户的约束分析，另一部分是反馈评价。对于经验用户的约束分析，需要统计候选服务集合中服务的 SCD 中各项服务评价指标出现的约束次数，实验统计结果见表 5-5。

表5-5　经验用户约束指标统计结果

QoS属性指标	约束次数统计/次	约束权重统计
公司信誉度	7	4.7
机票价格	9	7
机型安全系数	8	6.9
可访问性	8	4.8
空乘质量	7	4.2
乘坐舒适度	7	4.8
响应时间	2	1.3
转机次数	10	8.6

系统设定出现次数在5次以上的指标才可以参加后续的计算，可以看到响应时间的出现次数只有2次，不予考虑，选取其他7个属性作为无QoS约束的Web服务选取的评价指标。表5-5中的权重为指标各次约束权重之和，利用式(5-22)可以算得指标的实际权重。服务评价指标选取完成后，便可以根据表5-5计算基于经验用户约束分析的服务评价结果，见表5-6。

表5-6　基于经验用户约束分析的"订飞机票"服务评价结果

服务	经验分析结果
12	0.495
13	0.502 8
14	0.517 4
15	0.473 1
16	0.496 3
17	0.476

这里选取前5个权重较高的指标作为专家评价方法的指标，即：机型安全系数、机票价格、公司信誉度、乘坐舒适度、行李遗失率，见表5-7。

表5-7　专家评价指标确定结果

机型安全系数	机票价格	公司信誉度	乘坐舒适度	行李遗失率
0.413 5	0.127 3	0.104 2	0.070 0	0.065 6

首先，对表 5-7 的数据进行归一化处理，使得各指标的权重和为 1，处理方法如下：

$$a_i = \frac{a_i}{\sum_{i=1}^{n} a_i} \tag{5-23}$$

式中，a_i 代表一个指标；n 为指标的个数，这里取为 5。

将式(3-18)中的 α 和 β 分别取为 0.5，对经验用户约束分析结果和专家评价结果进行综合计算，最终得到无 QoS 约束场景下服务的评价结果，见表 5-8。

表 5-8　无 QoS 约束场景下“订飞机票”服务评价结果

服务	评价结果
12	0.508 4
13	0.503 9
14	0.528 3
15	0.470 9
16	0.495 8
17	0.496 9

通过分析基于经验用户 QoS 约束分析的服务评价结果和基于专家评价的服务评价结果可以发现，用两种方法对服务进行评价的结果大致顺序一致，比如两种评价结果都显示服务 14 具有最高的质量。但是对于某些质量相近的服务的评价结果存在一定的差异，比如服务 12 和服务 13。综合评价结果描述了两种评价结果的一个平均状态，从数据分析来看更接近实际的状态。最终由服务 12、13、14、16 和 17 组成选取结果列表返回给用户。

5.5.4　服务质量评价中用户反馈行为分析及应用相关实验

根据层次分析法计算得到的服务质量评价指标及各指标的权重，分析用户对指标的感知度，选取公司信誉度、机票价格、机型安全系数、旅程时间、响应时间以及转机次数这 6 个指标作为用户反馈的指标。经过一段时间的积累后，某个用户可能会对某个服务进行过多次评价，首先统计得到所有用户对每个服务反馈的平均情况，见表 5-9。

对于选取结果列表中的每个服务，统计每个用户(信誉度级别高于系统设定阈值的用户，这里包括用户 31、32、34、37)的反馈信息中对该服务每个指标满意度的平均情况，得到每个服务的所有反馈用户的满意度。由于有 QoS 约束和无 QoS 约束两种场景下用户满意度的计算类似，这里仅以有 QoS 约束场景为例进行说明，得到的用户满意度结果见表 5-10。

表 5-9 用户反馈信息统计结果

用户 ID	服务 ID	公司信誉度	机票价格	机型安全系数	旅程时间	响应时间	转机次数
31	12	0.8	0.775	0.835	0.8	0.85	1
31	13	0.78	0.89	0.84	0.9	0.95	1
32	12	0.89	0.74	0.75	0.9	0.7	0.8
33	12	0.98	0.86	0.95	0.8	0.86	1
33	15	0.8	0.77	0.73	0.95	0.9	0.85
34	16	0.65	0.85	0.58	0.82	0.9	1
35	13	0.82	0.76	0.74	1	0.84	1
35	14	0.91	0.89	0.76	0.91	0.9	1
35	16	0.8	0.855	0.83	0.86	0.845	0.9
36	14	0.785	0.77	0.955	0.91	0.86	1
37	15	0.65	0.71	0.64	0.82	0.83	1
37	17	0.72	0.755	0.85	0.65	0.9	0.8

表 5-10 用户满意度统计结果

服务	用户	指标	指标统计满意度
12	31	公司信誉度	0.8
		机票价格	0.775
		机型安全系数	0.835
		旅程时间	0.8
		响应时间	0.85
	32	公司信誉度	0.89
		机票价格	0.74
		机型安全系数	0.75
		旅程时间	0.9
		响应时间	0.7
		转机次数	0.8

结合以上实验结果,可以得到满足用户 QoS 约束的服务评价最终结果列表,见表 5-11。

表 5-11　基于用户 QoS 约束的"订飞机票"服务评价最终结果列表

服务	综合评价结果	经验分析结果
14	0.477 2	0.495
13	0.431 3	0.502 8
12	0.407 1	0.517 4
17	0.376 3	0.473 1

由表 5-11 可知,服务 14 的综合评价结果最高,但并没有满足系统设定的用户信誉阈值,因此没有相关的推荐系数,也就是参与提供其约束信息的服务反馈者信誉度没有达到要求。从中可以发现,服务的综合评价结果与用户的满意度能够大体保持一致,服务综合评价结果很高但是推荐系数很低的情况出现的概率较小,因此用户可以很容易地根据这两项信息选择所需要的服务。

5.5.5　实验结果分析

通过仿真实验,验证了在用户提供服务 QoS 约束和不提供 QoS 约束两种情况下,利用本书提出的方法能够对服务进行科学合理的评价,为用户提供带有推荐系数的优秀服务列表。同时,通过对用户反馈信息的分析,对服务评价中的用户经验信息进行过滤,提供更准确的服务评价数据。

5.6　本章小结

基于 QoS 的服务选取还有两个问题需要解决:① Web 服务 QoS 评价标准的制定。由于不同领域的 Web 服务可能存在不同的 QoS 属性,对于不同领域的 Web 服务,如何制定一个可靠、可信、通用化的指标体系是质量标准体系的难点。② 服务质量评价模型及方法的制定。在完整的评价指标标准的基础上,如何设计一个通用、可靠的度量算法也是一个需要解决的问题。针对以上两个问题,本章分别提出了有 QoS 约束和无 QoS 约束的服务度量模型,并通过实验验证了模型的可行性。

在有约束 Web 服务选取的场景下,本书提出一种根据用户约束选取最适合 Web 服务的方法,同时收集用户对 Web 服务选取结果的反馈,如果反馈结果较好，则认为本次选取比较成功，用户选取的约束信息比较合理，则记录下用户提出的约束信息及权重，经过多次信息的收集，将生成一个约束信息集合，本章分别描述了约束信息收集的模型和反馈信息收集的模型。

在无约束 Web 服务选取的场景下，根据用户提出的功能性需求，选取满足用户需求的 Web 服务，并利用有约束服务选取场景下生成的约束信息集合评价候选 Web 服务的质量。本章提出的方法能够很好地应用于领域 Web 服务的评价，解决了领域 Web 服务 QoS 评价指标的选取问题。

第 6 章　基于约束放松的自适应服务选取方法

Web 服务是一种自包含、自描述、模块化的程序[109]，一个服务的优劣不仅体现在所实现的功能上，服务质量（QoS）也是一个非常重要的因素。如何从众多功能相同的服务中选取出一个质量最好的服务，是 Web 服务组合领域一个重要的研究课题。Zeng 等[44]中最早提出采用基于整数规划和基于线性规划的多属性决策 MADM（Multiple Attribute Decisinn Making）方法解决 QoS 驱动的组合服务选取问题。针对多 QoS 属性约束问题，目前的主要解决思路是：把该问题建模为 0-1 背包问题或者有向无环图问题[57]，以上两种解决思路假定可选 Web 服务的 QoS 指标是固定不变的，不依赖于其他 Web 服务。在此基础上，文献[58]提出了支持服务关联的 Web 服务选取方法，并分别针对整数规划求最优解和启发式求次优解。其他常见的解决选取的方法还包括有向无环图最短路径问题、启发式算法[57]和遗传算法[113]。

上述对服务选取过程的研究都是把问题规划为针对某个模型寻求最优解或者次优解的求解过程，但是这些选取模型在设计的时候，不考虑用户约束对 Web 服务选取的影响。用户参与是 Web 服务选取的另外一个重要场景，在服务选取过程中，用户的约束信息对 Web 服务选取同样重要。用户对组合 Web 服务的个性化需求直接影响到 Web 服务选取的结果。对于一个常见的旅游组合服务，不同用户的关注点可能不同，一些用户更在意时间，一些用户可能更在意组合服务的代价（价格）。在服务选取模型中，如果用户提出个性化需求，那么服务选取的目标转化为选取最满足用户需求的组合 Web 服务，而不是最优的组合 Web 服务。

在考虑用户约束及多 QoS 约束信息的 Web 服务选取领域中，在基于约束的 Web 服务选取方面，文献[19]提出把服务组合过程分为纵向组合和横向组合两类。纵向组合是生成抽象服务流程的过程，横向组合是绑定具体服务的过程。通过定义这种两类组合方式简化了服务组合实现流程，通过定义等价服务的方式为用户重新定义约束条件再次选取提供了灵活性。最后，根据所定义的两类组合，将服务组合中的服务选取过程定义为一个分布式约束满足问题。文献[20]提出扩展服务代理的功能，除了作为服务注册库的接口能够注册、浏览和访问服务外，还包括了约束的定义、匹配和处理功能，并设计和实现了一个基于约束的代理。文献[117]在语义环境下提出把约束分层次表示，按照层次的不同，定义不同的约束强度，当无法找到满足约束的服务时，按照约束条件的不同强度依次选取满足用户需求的过程。现有的这些研究工作对有约束的服务选取提供了很好的参考，但在某些情况下，用户对服务质量的要求并不是绝对的，当所有服务的 QoS 均不能满足用户的个性化约束时，需要与用户再次沟通，由用户自己调整约束的条件，重新进行选取，这种方式增加了与用户的交互，使得检索过程时间过长。在对组合服务进行选取的过程中，对用户约束无法满足的情况下，对可调整的约束条件进行自动放松，在放松过程中一次对多个约束条件进行试探性放松，再重新进行服务的选取，从而向用户推荐最能接近用户的个性化约束的服务，避免重新检索的次数，提高算法实现的效率。

针对以上问题，本章系统地提出了一个向用户推荐最能接近用户个性化约束服务的实现方案：定义基于分布式约束满足的组合服务选取过程，定义用户约束模型和约束放松模型，在约束放松模型中针对某个 QoS 属性值的放宽量的定义、各个 QoS 属性值的放宽量之间等价关系的定义以及针对某个 QoS 约束权值增长的定义，给出了 QoS 驱动的自适应服务选取框架和具体的选取算法。实验表明，通过与已有的服务选取算法进行对比，本书所提出的解决方案及算法能够很好地向用户推荐最接近用户个性化需求的服务，并能有效提高服务选取的成功率。

6.1 基于分布式约束满足的组合服务选取过程

分布式约束满足问题是变量以及变量间的约束都分布在不同自治 Agent（指能自主活动的软件或者硬件实体）中的约束满足问题，每个 Agent 控制一个或多个变量，并试图决定这些变量的值，一般在 Agent 内和 Agent 间都存在约束关系，对变量的赋值要满足所有这些约束[118]。Web 服务处于分布式的异构环境中，用户对组合服务提出服务内或服务间的约束请求，依据约束条件进行服务选取的过程可以转化为一个约束优化问题（COP）来解决，COP 问题是对分布式约束满足问题（CSP）的一个扩展。现有的研究通过为 Web 服务的各个 QoS 属性赋予相应的权重来考虑用户的不同喜好，而没有对约束条件赋予相应的权重，在没有 Web 服务或 Web 组合服务满足用户的个性化约束条件时，无法自适应地选取一些约束条件进行放松，从而选取出接近用户要求的 Web 服务或组合 Web 服务；另外一些研究虽然讨论了用户针对不同约束条件的权重，但是没有与 Web 服务的 QoS 属性结合起来，使用户在考虑对约束条件的权重时还要对 Web 服务赋予相应的权重，增加了用户的负担。

本节首先基于分布式约束满足问题提出一个组合服务模型，将服务定义为抽象服务和具体服务两个层次。抽象服务表示服务应实现的功能，通过服务调用接口中的不同输入输出参数进行层次区分；具体服务表示存在于网络上的、对应于抽象服务的 Web 服务。其次定义了服务质量约束模型，描述了用户请求 Web 服务的过程及输入信息；定义约束放松模型，该模型根据用户提出的约束条件，在无法选取满足要求服务的时候，采取试探性的放松约束条件，为用户选择最接近用户需求的 Web 服务。

分布式约束满足问题的形式化用一个四元组$[X,D,C,f(sl)]$表示，X为变量的集合，D为X中变量值域的集合，C为针对X中变量的约束条件，$f(sl)$为目标函数，约束优化问题即为X中的每个变量在值域D中找到一个赋值，这些赋值使得在满足约束条件C的前提下使目标函数$f(sl)$的取值达到最大或最小。下面将该定义应用到 Web 组合服务选取中。

【定义 6-1】 组合服务模型用一个六元组$[X,D,C,W,P,f(sl)]$表示。其中：

$X=\{\mathrm{WS}_1,\cdots,\mathrm{WS}_n\}$为抽象服务的集合，每一个$\mathrm{WS}_i$可以表示为$(\mathrm{WS}_i.\mathrm{in},\mathrm{WS}_i.\mathrm{out})$的复杂变量，其中$\mathrm{WS}_i.\mathrm{in}=\{\mathrm{in}_{i1},\mathrm{in}_{i2},\cdots,\mathrm{in}_{ip}\}$表示抽象服务$\mathrm{WS}_i$的$p$个输入；$\mathrm{WS}_i.\mathrm{out}=\{\mathrm{out}_{i1},\mathrm{out}_{i2},\cdots,\mathrm{out}_{iq}\}$表示抽象服务$\mathrm{WS}_i$的$q$个输出。

$D=\{D_1,\cdots,D_n\}$表示值域的集合，每一个D_i表示抽象服务WS_i对应的具体 Web 服务的集合，可表示为：

$$D_i=\{S_{ij}(S_{ij}.\mathrm{in},S_{ij}.\mathrm{out})\mid S_{ij}.\mathrm{in}\subseteq \mathrm{WS}_i.\mathrm{in}\,\&\,\mathrm{WS}_i.\mathrm{out}\subseteq S_{ij}.\mathrm{out}\} \tag{6-1}$$

$C=C_{\mathrm{S}}\cup C_{\mathrm{H}}$表示约束条件，根据约束条件是否可以调整分为硬约束$C_{\mathrm{H}}$和软约束$C_{\mathrm{S}}$两类。$C_{\mathrm{S}}$是软约束，表示用户在选取服务时的偏好，通常表示为用户针对服务的某个 QoS 属性提出的约束条件。C_{H}是硬约束，表示服务必须满足的约束条件，如抽象服务之间的内部业务关联关系、业务流程中服务之间的控制结构等。

W是一个从具体的 Web 服务S_{ij}到用户喜爱程度w_{ij}的映射。

P是一个映射，对每个$C_{\mathrm{S}i}\in C_{\mathrm{S}}$，用户对该约束条件有一个权重$p_i\in[0,1]$；

对每个 $C_{Hi} \in C_H$，其权重的赋值都为 1，表示在服务选取时该约束条件不能够进行放松。

$f(sl)$是服务选取的目标函数，满足：

$$f(sl^*) = \max_{sl \in Sol}\Big[\sum_{S_{ij} \in sl}(w_{ij})\Big] \tag{6-2}$$

式中，$sl^* \in Sol = D_1 \times \cdots \times D_n$。

式(6-2)表明组合服务的选取是在满足所有约束的情况下，选取用户最为满意的服务集合。

【例 6-1】 存在这样一个场景，有一个“旅行计划”的组合业务(图 6-1)：用户首先要选择往返于出发地、目的地之间的出行工具，通过业务活动“订车票”或者“订飞机票”实现，接着要选择在目的地的住址，执行业务活动“订旅馆”，在完成上述活动的同时对旅行过程“设计路线”，选定好旅馆和旅游路线后，根据他们的位置计算两者间的距离，执行“租车”活动，最后对订票、订旅馆、租车这三项的费用进行支付。在服务执行过程中，需要满足一些限制条件，比如返程的机票时间要晚于启程的机票时间，定宾馆的时间要晚于飞机到达的时间，而且下一个服务只有在上一个服务执行完毕后才能被执行，服务结束的时候，所有的子服务都应该是正确执行的状态。

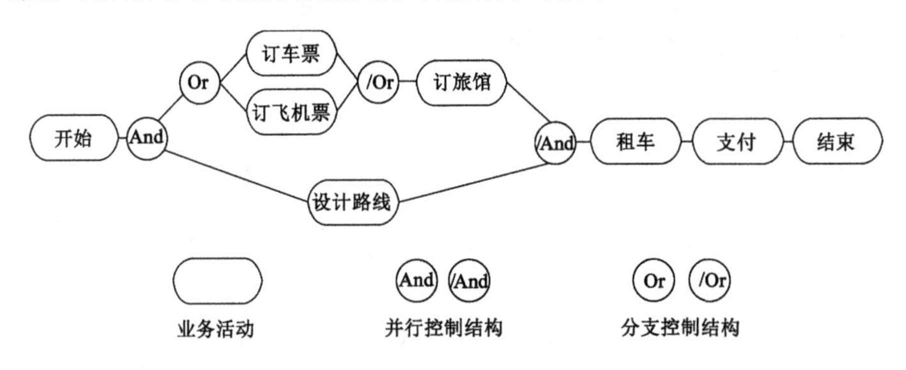

图 6-1 “旅行计划”组合业务

这一组合业务是由如下相互关联的子任务来实现的：

t_1 = booking ticket;

t_2 = booking airline;

t_3 = booking hotel;

t_4 = designing traveling route;

$t_{5\text{-}1}$ = renting car if the distance is bigger than 50 km;

$t_{5\text{-}2}=$ renting bycicle if the distance is smaller than 50 km；

$t_6=$ transferring the money from bank to pay for the ticket，accommodation and transport fare。

这一组合业务用分布式约束满足问题的形式化可表示为：

$X=\{WS_1, WS_2, WS_3, WS_4, WS_5, WS_6\}$，其中每个 $WS_i=(WS_i.in, WS_i.out)$ 对应到上述每个任务。

WS_1 对应到订火车票的任务，WS_1.in＝{source，destination，date}，WS_1.out＝{train number，date，price}。

WS_2 对应到订飞机票的任务，WS_2.in＝{source，destination，date}，WS_2.out＝{flight number，price}。

WS_3 对应到订旅馆的任务，WS_3.in＝{name，place，date，nights number，max price}，WS_3.out＝{hotel name，place，price}。

WS_4 对应到设计旅游路线的任务，WS_4.in＝{hotel place，travel places}，WS_4.out＝{travel route}。

WS_5 对应的任务结果是租自行车或者租轿车，如果旅游路线总路程大于 50 km，任务执行的结果是租轿车，否则租自行车，WS_5.in＝{route distance}，WS_5.out＝{bicycle/car，price}。

WS_6 对应的任务是在线支付活动，WS_6.in＝{id，password，amount，sum}，WS_6.out＝{remain amount}。

$D=\{D_1, D_2, D_3, D_4, D_5, D_6\}$，其中：

$D_1=\{S_{11}, S_{12}, S_{13}, S_{14}\}$，$D_2=\{S_{21}, S_{22}, S_{23}, S_{24}, S_{25}\}$，$D_3=\{S_{31}, S_{32}, S_{33}\}$，$D_4=\{S_{41}, S_{42}\}$，$D_5=\{S_{51}, S_{52}, S_{53}, S_{54}\}$，$D_6=\{S_{61}, S_{62}, S_{63}, S_{64}, S_{65}\}$。

$C=C_S \cup C_H$，其中：

C_H 包括：

$WS_1.price+WS_2.price+WS_3.price+WS_5.price \leqslant WS_6.amount$；

$WS_6.id \neq nil$；

$WS_3.date \geqslant WS_1.date$ or $WS_3.date \geqslant WS_2.date$。

C_S 包括：

$WS_1.price+WS_2.price+WS_3.price+WS_5.price \leqslant 1\ 000$；

$WS_3.place.star \geqslant 3$。

对每个服务 $WS_{ij} \in D_i$，赋予一个权重 w_{ij} 来表示已使用过该服务的用户平均满意程度 $PrefUser(D_i)$：

$PrefUser(D_1)=\{0.8, 0.5, 0.82, 0.73\}$，$PrefUser(D_2)=\{0.28, 0.65, 0.89,$

0.71,0.46},PrefUser(D_3)={0.78,0.59,0.36},PrefUser(D_4)={0.58,0.62},PrefUser(D_5)={0.89,0.71,0.66,0.72},PrefUser(D_6)={0.48,0.79,0.61,0.66,0.52}。

订火车票、订飞机票、订旅馆、租自行车或者租轿车这五类服务中,服务质量信息描述里服务价格和可用时间的描述见表 6-1。

表 6-1 Web 服务 QoS 信息描述

服务名	类别 1			类别 2		
	类别名	价格	可用时间	类别名	价格	可用时间
S_{11}	硬座	202	9.20—9.29	卧铺	320	9.23—9.26
S_{12}	硬座	192	9.22—9.28	卧铺	390	9.21—9.23
S_{13}	硬座	171	9.18—9.24	卧铺	290	9.18—9.21
S_{14}	硬座	202	9.20—9.22	卧铺	300	9.24—9.30
S_{21}	头等舱	851	9.21—9.30	经济舱	650	9.22—9.27
S_{22}	头等舱	900	9.22—9.27	经济舱	700	9.21—9.29
S_{23}	头等舱	880	9.18—9.28	经济舱	700	9.21—9.28
S_{24}	头等舱	512	9.20—9.21	经济舱	380	9.20—9.22
S_{25}	头等舱	980	9.20—9.30	经济舱	880	9.20—10.1
S_{31}	三星	320	9.22—9.30			
S_{32}	四星	410	9.19—9.29			
S_{33}	五星	880	9.22—9.23			
S_{41}	平常日	280	9.20—9.21	节假日	350	9.30—10.1
S_{42}	平常日	330	9.20—9.27	节假日	400	10.2—10.6
S_{51}	平常日	380	9.22—9.25	节假日	450	10.3—10.6
S_{52}	平常日	430	9.27—9.30	节假日	510	10.1—10.6
S_{53}	平常日	330	9.28—9.30	节假日	420	10.2—10.6
S_{54}	平常日	270	9.24—9.36	节假日	400	10.1—10.3

根据表中列出的服务质量信息的描述可以发现,满足软约束条件:$WS_1.price+WS_2.price+WS_3.price+WS_5.price \leqslant 1\ 000$ 的组合服务在服务列表中不存在,根据已有的有约束组合服务选取模型会和用户重新进行交互,要求用户修改约束条件,重新进行选取,这种选取方式使得用户使用极为不方便,如果将约束值放松为 1 050,就可以找到有效的服务组合,而这一约束条件的放

松在通常情况下用户是可以接受的,因此可以向用户进行推荐。

为了有效提高选取的效率,给用户的使用带来方便和快捷,本书提出:在用户约束不能满足的情况下,对软约束条件进行适当的自动放松,针对放松后的约束条件进行重选,将重选后的结果推荐给用户。本章针对约束的自动放松问题,提出服务质量约束模型和约束放松模型,基于这两个模型设计和实现了自适应的组合服务选取算法,最后对算法的实现在成功率和执行效率上与文献[118]的算法进行了对比。

6.2　约束放松模型

6.2.1　服务质量约束模型

在服务的选取过程中,不同的服务请求者对服务的各项质量属性有着不同的需求和喜好。因此,不同的用户可能会对服务质量 QoS 提出不同的约束条件,单个服务的选取只需要考虑服务内部的约束条件,而组合服务的选取则需要考虑服务之间的约束条件。

【定义 6-2】 服务内部约束条件(C_{in})。服务内部的约束条件是指针对一个 Web 服务的一项 QoS 属性 Q_i,用户根据自身的需求和喜好提出的一个约束条件 C_{in},定义为 $C_{\text{in}}=<Q,V,E_{\text{xp}},w>$。

在上述定义中,Q 代表服务质量 QoS 的一个属性;V 代表约束值的集合,可表示为 $V=\{v_1,(v_2)\}$,即 V 中包含一个或两个元素;w 代表用户赋予该约束的一个权重(约束度),$w\in(0,1)$;E_{xp}代表该约束的一个表达式:

$$E_{\text{xp}}=\begin{cases}Q.v\geqslant C_{\text{in}}.V.v_1\text{,极大型}\\Q.v\leqslant C_{\text{in}}.V.v_1\text{,极小型}\\C_{\text{in}}.V.v_1\leqslant Q.v\leqslant C_{\text{in}}.V.v_2\text{,中间型}\end{cases}\tag{6-3}$$

用户针对一个服务所有 QoS 属性的约束条件集可表示为 $\text{WsC}=<C_{\text{in}}^1,\cdots,C_{\text{in}}^l>$,其中 C_{in}^k是针对该 Web 服务 QoS 中第 j 属性值 Q_j 的约束。当一个服务满足该约束条件集 WsC 时,记为:$\rho(\text{WsC})=1$(否则记为 0);满足其中一个约束条件 C_{in}^k时,记为 $\rho(WsC.C_{\text{in}}^k)=1$(否则记为 0)。

【例 6-2】 服务内部约束条件的例子。针对例 6-1 中的服务的 QoS,用户提出一个约束条件集 $\text{WsC}=<C_{\text{in}}^1,C_{\text{in}}^2,C_{\text{in}}^3,\cdots>$。$C_{\text{in}}^1$、$C_{\text{in}}^2$和 C_{in}^3分别表示对飞机票的价格 Q_1、服务执行时间 Q_2 以及飞机的日期 Q_3 的约束条件。假设 $C_{\text{in}}^2=<Q_2,\{5\},Q_2.v\leqslant5,0.8>$,表示 C_{in}^2是针对服务执行时间 Q_2 的一个

极小型的约束条件。约束条件有一个取值上界 5，意为服务质量中的执行时间属性要不大于 5 s。最后一个值 0.8 表示用户对该约束条件赋予的一个权重。

【定义 6-3】 服务之间的约束条件（C_{bt}）。服务之间的约束条件是指在组合服务的选取过程中，用户对有相互关系的一组服务的一个 QoS 属性提出的一个约束条件。可表示为 $C_{bt}=<WS_{attr},V,E_{xp},w>$。

在上述定义中，WS_{attr}代表服务之间针对一个属性有相互关系的服务集合，定义为 $WS_{attr}=<WS_i,WS_j,\cdots,WS_k>$，$WS_{attr}$包含于 CWS，表示 $WS_i.Q_x$，$WS_j.Q_y,\cdots,WS_k.Q_z$ 在服务组合的过程中有相互关系；V 和 w 的定义参考定义 6-2；E_{xp}为该约束条件的一个表达式，定义为：

$$E_{xp}=\begin{cases}WS_i.Q_x.v\circ WS_j.Q_y.v\circ,\cdots,\circ WS_k.Q_z.v\geqslant C_{bt}.V.v_1\text{，极大型}\\WS_i.Q_x.v\circ WS_j.Q_y.v\circ,\cdots,\circ WS_k.Q_z.v\leqslant C_{bt}.V.v_1\text{，极小型}\\C_{bt}.V.v_1\leqslant WS_i.Q_x.v\circ WS_j.Q_y.v\circ,\cdots,\circ WS_k.Q_z.v\leqslant C_{bt}.V.v_2\text{，中间型}\\WS_i.Q_x.v\oplus WS_j.Q_y.v\otimes,\cdots,\odot WS_k.Q_z.v\text{，相互约束型}\end{cases}\tag{6-4}$$

式中，“$\circ$”代表一种数学运算，当考虑服务 QoS 的执行时间时“$\circ$”代表加法，而当考虑到服务 QoS 的执行成功率时“$\circ$”代表乘法。类似的$\oplus$、$\otimes$和$\odot$都代表一种二元运算符。

服务组合的过程中，所有服务的内部约束条件可以表示为一个集合 $CWsC=<WsC_1,\cdots,WsC_t>$，服务之间的所有约束条件可表示为集合 $WS_{in}C=<C_{bt}^1,C_{bt}^2,\cdots,C_{bt}^m>$，当一个服务满足该约束 $WS_{in}C$ 时，记为：$\rho(WS_{in}C)=1$，否则记为 0；满足其中一个约束条件 C_{bt}^i时，记为 $\rho(WS_{in}C.C_{bt}^i)=1$，否则记为 0。

【例 6-3】 服务之间约束条件的例子。针对例 6-1 中的旅游案例，组合服务可以表示为 $CWS=<WS_1,WS_2,WS_3>$，WS_1、WS_2 和 WS_3 分别表示订机票、订酒店和选景点三个抽象服务，假设 WS_1 的第 i 个质量属性、WS_2 的第 j 个质量属性和 WS_3 的第 k 个质量属性表示价格。针对这一属性对该组合服务提出一个约束条件 $C_{bt}=<WS_{attr},\{1\ 500\},E_{xp},0.75>$，其中 $WS_{attr}=<WS_1,WS_2,WS_3>$，表示该约束条件涉及订机票、订酒店和选景点三个服务，约束条件中给出了一个取值上界 1 500，表示三个服务的价格之和应该小于 1 500 元，那么对应的约束表达式可以表示为：

$$WS_1.Q_i.v+WS_2.Q_j.v+WS_3.Q_k.v\leqslant 1\ 500$$

6.2.2 服务质量约束放松模型

在有约束的 QoS 驱动的 Web 服务选取过程中，满足用户所提出的约束条件的情况下，根据用户对服务的各个属性赋予不同的权值，选取一个对于该用户为最优的具体服务。当所有具体服务的 QoS 都不能够满足用户的约束条件时，就要从用户所提出的约束条件中选取约束度最小的约束条件 C(C 包括 C_{in} 和 C_{bt})进行放松，重新进行服务的选取工作。约束条件的放宽量可以定义如下：

【定义 6-4】 约束条件(C)的放宽量。约束条件的放宽量是指当所有服务的 QoS 都不能够满足用户的约束条件时，对选取的约束条件的边界值放松的数值。

不同的约束条件下的 QoS 属性可以分为连续量、离散量和枚举量，针对不同类型值，放宽量的形式也并不相同。

(1) 针对连续量

$$C.V.v=\begin{cases}C.V.v\times[1+\alpha\times(1-C.w)\times e^{-C.w}],\text{极小型}\\C.V.v\times[1-\alpha\times(1-C.w)\times e^{-C.w}],\text{极大型}\end{cases}\tag{6-5}$$

在上述表达式中，$C.V.v$ 表示该约束条件的边界值，针对极小型和极大型分别表示取值上界和下界。$\alpha\in(0,1)$，随着 α 的增加，放宽量的值也会增大。$C.w$ 表示用户赋予该约束条件的一个权重。

【例 6-4】 连续量约束条件放宽量的例子。对于本章“旅游计划”中针对服务执行时间的一个极小型的约束条件 $C_{\text{in}}^{2}=<Q_2,\{5\},Q_2.v<5,0.8>$，当对该约束条件进行放松时，取 $\alpha=0.5$，其放松量为 $C_{\text{in}}^{2}.V.v_1=5\times[1+0.5\times(1-0.8)\times e^{-0.8}]=5.225$。表示对服务执行时间的上限放宽到 5.225 s。

(2) 针对离散量

$$C.V.v=\begin{cases}C.V.v+\xi\times u,\text{极小型}\\C.V.v-\xi\times u,\text{极大型}\end{cases}\tag{6-6}$$

在上述表达式中，u 表示约束条件针对某个 QoS 属性值的单位量，ξ 表示 u 的倍数，ξ 为大于等于 1 的正整数。

【例 6-5】 离散量约束条件放宽量的例子。以例 6-2 中针对飞机日期属性的约束条件 C_{in}^{3} 为例，假设 $C_{\text{in}}^{3}=<Q_3,\{10.2\},Q_3.v=10.2,0.9>$，表示服务请求者想要预订 10 月 2 日的机票。取 $\xi=1$，则放松量为 $C_{\text{in}}^{3}.V.v_2=10.2+1\times1=10.3$。即将约束条件上限放宽到 10 月 3 日。

(3) 针对枚举量

$$C.V.v=\begin{cases}\xi\times v.N_{\text{ext}}\text{，极小型}\\ \xi\times v.P_{\text{re}}\text{，极大型}\end{cases}\tag{6-7}$$

式中，N_{ext}和 P_{re}分别代表枚举集合中下一个和上一个元素的单位量。

【例 6-6】 枚举量约束条件放宽量的例子。假设服务请求者对宾馆的星级提出了一个约束条件 $C_{\text{in}}=<Q,\{3\},Q.v=3,0.7>$，表示服务请求者想要预订三星级的宾馆。取 $\xi=1$，则放松量为 $C_{\text{in}}.V.v_1=1\times 3.P_{\text{re}}=2$。即将约束条件下限放宽到两星级。

在放宽量的定义中，因为中间型可以转换为一个极大型和一个极小型来进行计算，所以本书不再讨论。

【定义 6-5】 放宽度的等价关系。放宽度的等价关系是指在约束条件放松的过程中，约束度较小的约束条件 C_j 的放宽量要比约束度较大的约束条件 C_i 的放宽量大，它们之间存在一个等价关系。在对等价关系定义时，同样要考虑到不同的约束条件所针对的 QoS 属性值可以分为连续量、离散量和枚举量。

$$\begin{cases}\alpha\times(1-C_i.w)\times e^{-C_i.w}\sim\alpha\times(1-C_j.w)\times e^{-C_j.w}\text{，连续-连续}\\ u_i\sim(C_i.w\div C_j.w)^{\varphi}\times\alpha\times(1-C_j.w)\times e^{-C_j.w}\text{，离散-连续}\\ u_i\sim(C_i.w\div C_j.w)^{\varphi}\times u_j\text{，离散-离散}\end{cases}\tag{6-8}$$

式中，$\varphi\in(1,\infty)$。

枚举量可以作为特殊的离散量进行考虑，单位量 u 不再真正代表一个单位，而是代表增加或减少一个元素。

【例 6-7】 放宽量等价关系的例子。

以例 6-2 中针对预订飞机票服务 QoS 提出的约束条件集 $\text{WsC}=<C_{\text{in}}^1,C_{\text{in}}^2,C_{\text{in}}^3,\cdots>$为例。假设针对机票价格、服务执行时间和飞机日期的约束条件分别为 $C_{\text{in}}^1=<Q_1,\{500\},Q_1.v<500,0.7>$，$C_{\text{in}}^2=<Q_2,\{5\},Q_2.v<5,0.8>$，$C_{\text{in}}^3=<Q_3,\{10.2\},Q_3.v=10.2,0.9>$。

① 取 $\alpha=0.5$，C_{in}^2与 C_{in}^1放宽量的等价关系为 $0.5\times(1-0.8)\times e^{-0.8}\sim0.5\times(1-0.7)\times e^{-0.7}$，即为 $0.045\sim0.074$。意为约束条件 C_{in}^2的取值上界放松 4.5%等价于约束条件 C_{in}^1的取值上界放松 7.4%。

② 取 $\varphi=2$，C_{in}^3与 C_{in}^2放宽量的等价关系为 $1\sim(0.9\div0.8)^2\times0.5\times(1-0.8)\times e^{-0.8}$，即 $1\sim0.091$，意为当 C_{in}^3放松一个单位时，等价于 C_{in}^2放松 0.91%。

【定义 6-6】 约束度增长量。约束度增长量是指约束条件放松以后，其约束度相应增加的数值。通过对约束度增长量进行限制，可以避免在选取时总是对同一个约束条件进行放松的情况。约束度增长量可以表示为 $C.w = C.w + \beta \times (1 - C.w)$。其中，$\beta \in (0,1)$，随着 β 的增大，约束度的增长也会变快。从定义可以看出：$C.w$ 的值越小，约束度的增长就越快，其效果是对于约束强度较低的约束条件约束放松量较大。

【定义 6-7】 放松截止条件。放松截止条件是指在放松约束条件的过程中，所有约束条件的权重都大于某个值时，就停止放松，服务选取失败。对于单个服务选取的场景下，可以表示为 $\forall i \in [1,l], \mathrm{WsC}.C_i.w > \tau, \tau \in (0,1)$；因为组合服务的场景需要考虑到服务之间的约束条件，对表达式修改为：$\forall k \in [1,m], \mathrm{WS_{in}}C.C_{\mathrm{in}}^k.w > \tau$ 且 $\forall i \in [1,l], \mathrm{WsC}.C_i.w > \tau$。

6.3　基于约束放松的自适应服务选取框架

考虑到现有的 SOA 体系结构只包含了服务提供者、服务消费者和服务注册中心三个不同角色，模型不支持对服务质量信息的描述和存储。本书对它进行了扩展，定义了 exSOA 体系结构，增加了 QoS Registry（QR）组件、Web Service Broker 组件和 Universal QoS Matchmaker（UQM）组件，用于支持基于 QoS 信息的服务发布、服务匹配、服务选取及反馈等过程。该模型在不改变 UDDI 规范和实现的前提下，扩展了 UDDI 的描述能力，增加了服务质量描述部分；在 QoS 匹配器中，增加了服务选取的策略集合，提供多种选取算法，供用户进行选择。图 6-2 给出了自适应的有约束 Web 服务选取体系结构。

如图 6-2 所示，支持自适应的有约束 Web 服务选取主要由两个部分组成：用户请求服务阶段和自适应选取阶段，将在下面三个小节中详细进行介绍。

6.3.1　服务调用流程

用户请求阶段包括获取 QoS 的业务规则制定、QoS 信息存储、用户需求解析、功能性服务选取。获取 QoS 的业务规则制定包含对发布 QoS、监控 QoS 和反馈 QoS 获取的策略定义。

发布 QoS 是由服务提供者提供的，而且只在服务发布的时候提供一次，所以获取策略相对简单，用户提交的 QoS 信息通过 QoS 业务规则的数据有效性验证，通过验证后，将信息通过 QoS 存储功能存储在 QoS 信息数据库中。

监控 QoS 是由第三方监控系统获取的，其数据量较大，需要进行信息的过滤，过滤的标准遵循：① 去除残缺监控数据。在监控测试过程中，如果一次

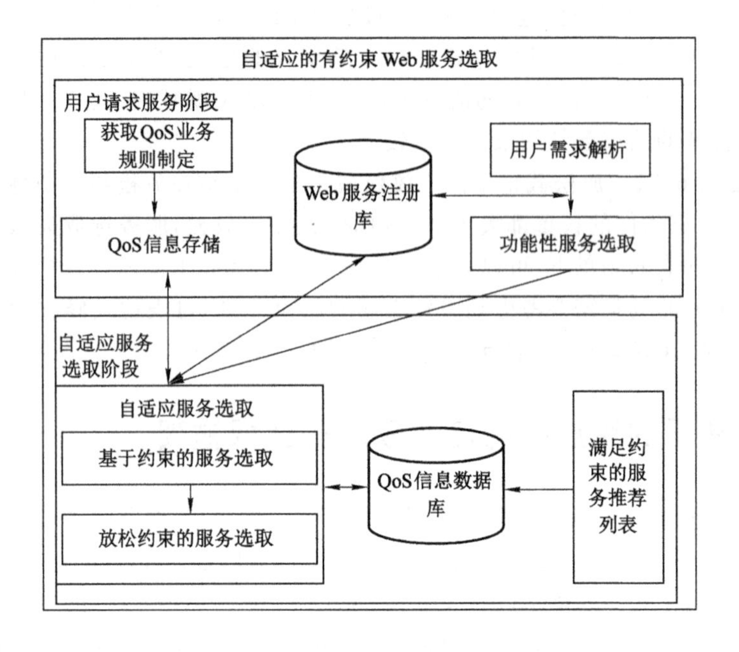

图 6-2　自适应的有约束 Web 服务选取体系结构

监控测试收集到的信息残缺不全,应该考虑两种情况:一种是 Web 服务出现故障不能访问;另外一种是网络因素,使获取的数据残缺。第一种情况可以认为是一次访问失败,第二种情况的数据需要清除,不能用于 Web 服务 QoS 评价。② 去除错误的监控数据。在 Web 服务监控测试过程中,由于不同的 Web 服务具有不同的返回结果类型,在测试过程中,如果返回的结果监控系统不能解析,那么这样的数据应该删除。③ 去除虚假的监控数据。对于有些虚假的 Web 服务,其提供的监控数据需要区分出来,例如在不同测试场景下,返回的数据基本雷同,这样的数据需要清除。

反馈 QoS 是用户反馈的信息,由用户提交,其数据量随着用户使用 Web 服务的次数变化,用户反馈多的时候,数据量较大。同样,需要在收集测试信息的时候对数据进行处理,其处理的基本思路和监控 QoS 类似。

QoS 信息存储是按照不同的 QoS 信息保存到 QoS 信息数据库中的过程。针对不同的 QoS 信息,其存储结构也不相同。表 6-2 给出一个存储结构的例子。

表 6-2　Web 服务 QoS 信息组成

编号	名称	解释
1	ID	Web 服务的唯一标识
2	serName	Web 服务的名称
3	URL	Web 服务地址,通过该 URL 进行调用
4	nameSpaceURI	WSDL 中定义的命名空间,以区分其他 Web 服务
5	opName	Web 服务操作的名称
6	input	Web 服务操作的输入(输入测试数据的类型)
7	output	Web 服务操作的输出(输出的测试结果)
8	desc	Web 服务的描述
9	QoSdata	QoS 信息集
10	desc	Web 服务的描述

表 6-2 中 QoSdata 是一个数据集,包含表 6-3 所列的数据。

表 6-3　QoSdata 信息

序号	名称	解释
1	QoS 数据类型	发布 QoS、监控 QoS、反馈 QoS
2	QoS 结果	某项指标的具体值
3	来源信息	标识 QoS 信息提供者的信息
4	时间	获取监控信息的时间

表 6-3 中的“来源信息”是指 QoS 信息提供者的基本信息,如果是发布 QoS,那么记录的是 Web 服务提供者的基本信息;如果是第三方监控 QoS,那么记录的是监控系统的基本信息;如果是反馈 QoS,那么记录的是反馈用户的基本信息。

用户需求解析是理解服务请求者意图的过程,在这个过程中,需要用户输入约束信息,并且输入相应的约束权重。

6.3.2　自适应 Web 服务选取流程

本书提出的自适应服务选取包含了基于约束的服务选取和放松约束的服务选取两个部分,本章主要对放松约束度的服务选取进行研究。

自适应的 Web 服务选取是在已有的有约束的 QoS 驱动的 Web 服务选

取过程中增加约束控制中心的过程。对于一次基于约束信息的 Web 服务选取,选取失败后,需要用户重新输入约束信息,如果用户缺乏相关领域知识,就会产生多次选取的结果,降低服务选取的效率。约束控制中心能够合理地控制用户提出的约束信息,在服务选取失败的情况下,适当调整约束的条件限制,尽量找到最满足用户需求的 Web 服务。

图 6-3 给出了增加约束控制中心的 Web 服务选取过程,该过程支持根据用户提供的约束条件及权重自适应地放松约束条件,重新生成约束信息集,进行 Web 服务选取的过程。

在图 6-3 中,支持自适应的 Web 服务选取过程可以描述为如下几个步骤:

(1) Web 服务请求。服务请求者首先发出服务请求,并输入约束条件及权重,首先需要校验服务请求的合法性,如果数据不合格,则返回失败。

(2) 有约束的 Web 服务选取。如果数据校验合格,则根据用户提出的功能性需求在 UDDI 中查找符合功能需求的服务,这个过程通常被称为服务发现,如果服务发现失败,意味着没有满足用户需求的 Web 服务,返回失败。

(3) 自适应的 Web 服务选取。如果能够生成正确的候选服务集,则根据候选服务集内的服务在 QoS 信息中心调取这些 Web 服务的 QoS 信息,结合用户请求服务的时候提供的约束信息进行 Web 服务选取,前文已经给出一种可行的选取算法。

如果基于用户提出的约束信息,成功地选取出 Web 服务,则返回给用户。如果选取失败,意味着没有找到符合用户约束的 Web 服务,那么根据本节提供的约束放松模型再次生成约束信息集,重复过程(3)。

6.3.3 基于约束放松的自适应服务选取体系结构

有些业务需要多个服务组合后完成,而且对于同一个业务,可以有不同的组合方法。例如,同是一个旅游服务,在交通工具选定飞机的情况下,可以选择一个直达的飞机,也可以选择中间转一次飞机,所以,组合服务的选取需要实现定义不同的服务组合业务规则。通常组合服务的过程可以划分为抽象服务组合和具体服务选择两个过程,其层次结构如图 6-4 所示。

在图 6-4 中,Web 服务信息存储策略保存了 Web 服务的描述信息和 QoS 信息,由 Web 服务信息存储策略定义了服务信息的存储;中间一层是抽象服务组合业务规则,描述了 Web 服务选取的抽象服务选取过程,抽象服务组合业务规则定义了组合业务的抽象模型。例如,用户提出一个旅游服务的需求,

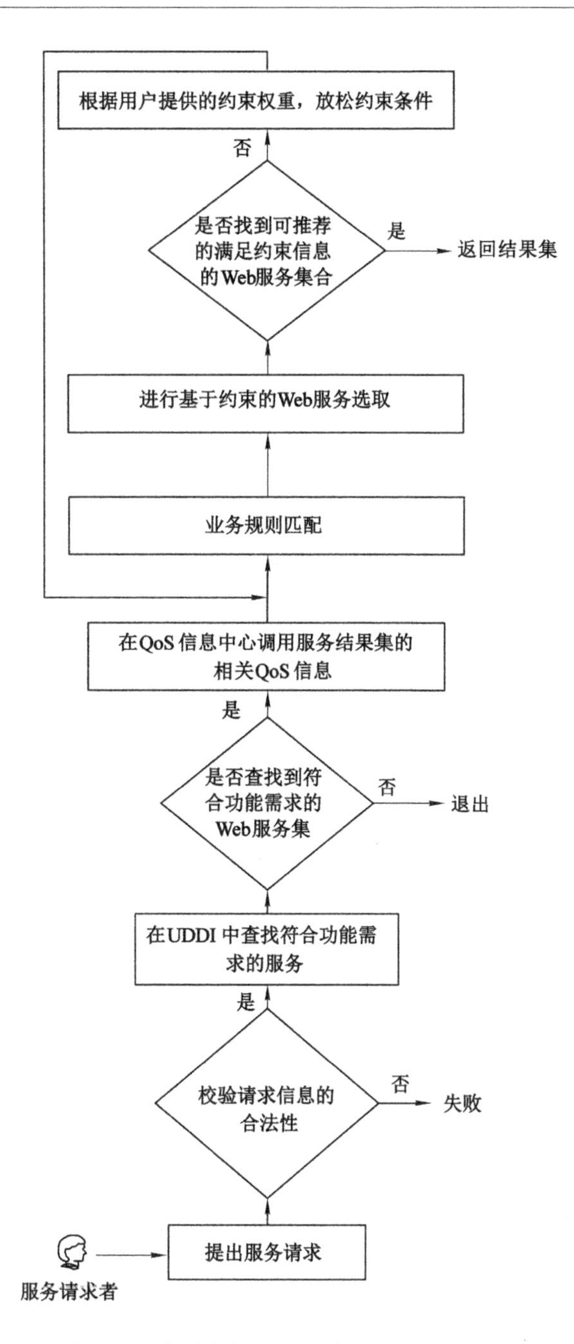

图 6-3　自适应的 Web 服务选取过程

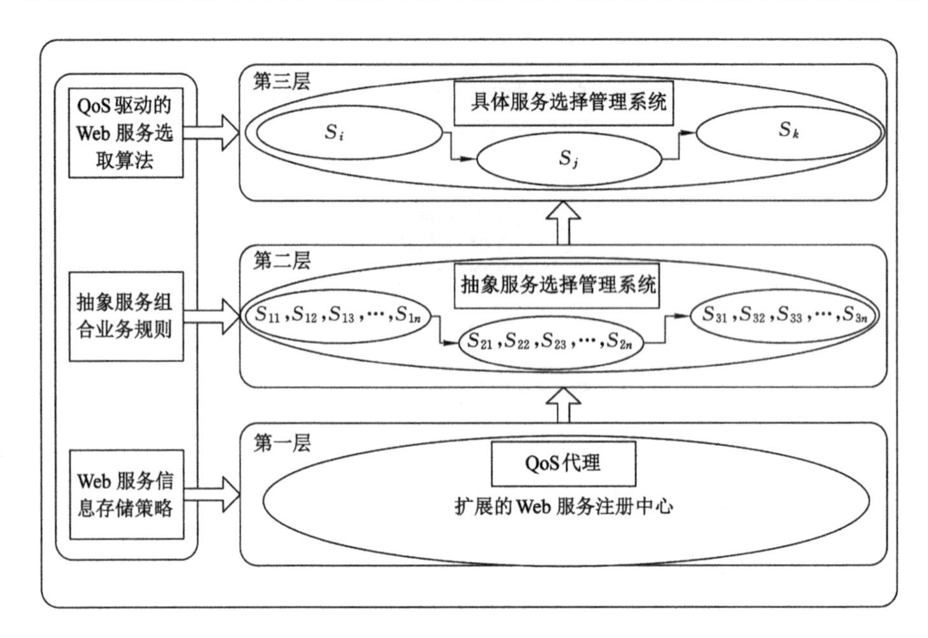

图 6-4 Web 服务组合过程

则在第二层给出旅游服务的抽象服务包括订飞机票、住旅馆、租车、定返程机票等服务组成。第三层是 QoS 驱动的 Web 服务选取算法，保存基于约束放松的服务选取的算法。各层功能如下。

第一层包含一个 QoS 代理，服务提供者发布 Web 服务时，向 QoS 代理提供 Web 服务的质量信息，由 QoS 代理将这些信息存储到 UDDI 的 QoS 库中。在进行 Web 服务的组合和选取时，由 QoS 代理到 QoS 库中查找相应的 Web 服务质量信息。用户通过 QoS 代理对将要选取的 Web 服务提供约束信息，选择管理器根据这些约束信息中针对单个服务的约束信息进行单个 Web 服务的选取；组合管理器根据 QoS 代理中的全局约束信息进行 Web 服务组合。在服务组合和选取完成之后，QoS 代理根据执行引擎的反馈信息对 QoS 库进行更新。

第二层包含一个抽象服务选择管理系统。抽象服务选择管理系统进行抽象 Web 服务的选取或组合管理器进行 Web 服务组合时，如果没有相应的 Web 服务或服务组合满足用户的约束条件，则由 QoS 代理对用户的约束条件进行放松，再进行 Web 服务的选取工作。

服务请求者使用抽象服务定义层进行服务选取时，可以由抽象服务选择管理系统从服务注册中心选取符合用户要求的流程，也可以使用服务请求者提供的自定义流程。当服务选择管理系统采用服务请求者的自定义流程时，则需要判断流程库中是否已经包含该流程，如果没有则进行相应的更新。在流程库初始化的时候，主要是采用领域专家所提出来的业务组合流程，在运行的过程中，则主要采用服务组合的历史记录。流程库的基本信息见表 6-4，表中给出了三个服务流程的例子。

表 6-4　流程库基本信息表

ID	name	serClass	invokeTime
1	P1	$WS_4;WS_5;WS_7;WS_8$	5
2	P2	$WS_1;[(WS_2;WS_3)\otimes WS_4]$	8
3	P3	$WS_3;WS_5;(WS_6\oplus WS_7)$	7

【定义 6-8】 服务流程。服务流程是流程库中或用户提出的一组抽象服务的组合，这些抽象服务之间存在着相互调用的关系。服务流程可以完成用户指定的某项任务，也可以只完成该任务的一部分。表 6-4 的服务流程 P2 可以用图 6-5 所示的流程表示。

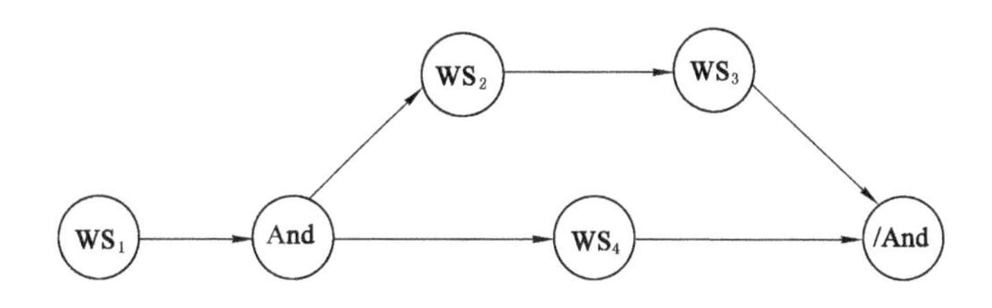

图 6-5　服务流程 P2

【定义 6-9】 执行流程。执行流程是流程管理器对选取的服务流程进行组合规划，从而可以完成用户指定的某项任务的流程。在服务组合和选取的过程中，如果流程管理器选取服务流程 P1、P2 和 P3 进行组合，则重组的执行流程 E1 可表示为图 6-6 所示的流程。

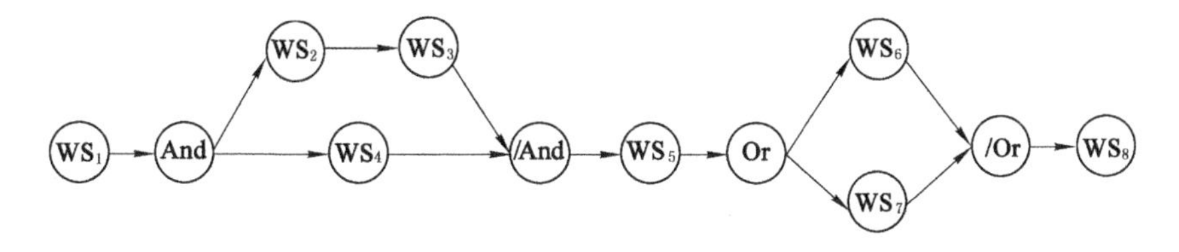

图 6-6　执行流程 E1

第三层包含一个具体服务选择管理系统，主要负责单个 Web 服务的选取工作。根据用户提供的针对单个 Web 服务的约束信息，在服务库和 QoS 库中查找满足用户需求的 Web 服务信息。查找完成后，把相应的信息交由具体服务选取系统进行处理。

由于满足某些特定任务的 Web 服务的数量比较多，为了提高运行的效率，可以由选择管理器按照式(6-9)对 Web 服务进行过滤，从而降低代理服务器的负荷。

$$R(N_{\mathrm{WS}})=\begin{cases}N_{\mathrm{WS}}, & N_{\mathrm{WS}}<X\\ YN_{\mathrm{WS}}/(Y+N_{\mathrm{WS}}), & N_{\mathrm{WS}}\geqslant X\end{cases} \tag{6-9}$$

当这些备选 Web 服务全部没有满足用户的个性化约束条件，通过考虑用户约束条件所针对的 Web 服务 QoS 属性，在剩下的 Web 服务中选取一些满足该约束条件的 Web 服务，如果没有选取，结果为空，则对约束条件进行放松。取 $X=50$、$Y=200$，对 Web 服务的过滤情况见表 6-5。

表 6-5　单个 Web 服务选取过滤情况表

序号	N_{WS}	$R(N_{\mathrm{WS}})$
1	30	30
2	100	67
3	200	100

6.4　实验分析

本章提出的 QoS 驱动的自适应服务选取机制目标是解决没有找到满足用户约束的组合服务情况下，根据用户对约束条件重视程度，由弱到强依次对约束条件进行放松，重新进行组合服务选取，有效地减少与用户进行交互的次数，提高算法执行的效率。QoS 驱动的自适应服务选取算法基于分布式约束满足问题进行求解，算法描述如下：

(1) 对每个抽象服务 WS_i 定义一个包含具体 Web 服务的候选服务集合 $\mathrm{Cand}_{\mathrm{WS}_i}$，$\mathrm{Cand}_{\mathrm{WS}_i}$ 中的所有服务满足针对该服务定义的所有硬约束 C_{H}。

(2) 按照用户对服务的满意程度对候选服务集合 $\mathrm{Cand}_{\mathrm{WS}_i}$ 进行排序，排序后的集合将指导流程中的下一个服务 WS_{i+1} 的选取。

(3) 对服务 WS_i 和 WS_{i+1} 的候选服务集合 $\mathrm{Cand}_{\mathrm{WS}_i}$ 和 $\mathrm{Cand}_{\mathrm{WS}_{i+1}}$ 进行连接

运算，得到 subSol=$\mathrm{Cand}_{\mathrm{WS}_i} \triangleright\triangleleft \mathrm{Cand}_{\mathrm{WS}_{i+1}}$。

(4) 对上一步得到的集合 subSol 针对服务间的硬约束 C_H 进行过滤。

(5) 对过滤后的集合 subSol 按照优化目标函数 f(subSol)进行排序。

(6) 如果 subSol 不能得到最后的完全解集合，就后退至上一步，从候选集合中重新选取合适的服务。

(7) 如果候选服务集合为空，或者 subSol 在经过连接和过滤操作后为空，说明没有后退算法可以执行，对约束条件按照用户重视程度由弱到强依次进行放松，重新选取。

QoS 驱动的服务自适应选取算法 adaptive_selection 具体描述如下，其中 RelaxedConst 根据本章定义的放松模型公式进行定义：

```
输入：i，setsubSol，totalTime，checkedValues
algorithm adaptive_selection()
begin
  if i>||X||then
    return setsubSol;
  end if
  Cand_x[i] ← {WS_ik 属于 D_i | WS_ik satisfy all of the C_H}\ checkedValues[i];
  Rank Cand_x[i] according to ω_ij ;
  subSol ← φ;
  while subSol =φ do
     subCand ← subset of Cand_x[i] ;
     add(checkedValues[i],subCand);
     subSol = setsubSol ▷◁ subCand;
     Filter and Rank subSol according to f(subSol);
  end while
  if subSol ≠φ then
      add(setsubSol,subSol);
      return adaptive_selection(i+1,setsubSol,totalTime,checkedValue);
  else if i>1 then
          j=||X||;
          while j>i
             checkedValues[j]← φ; j--;
```

```
        end while
        Update totalTime;
        Update setsubSol;
        return adaptive_selection(i-1,setsubSol,totalTime,checkedValue);
      else
        RelaxedConst;
        Update(C_S,RelaxedConst);
        setsubSol ←φ;
        for j=1 to||X||
           checkedValues[j] ← φ;
        end for
        return adaptive_selection(i+1,setSubSol,totalTime,checkedValue);
      end if
  end if
end //算法结束
```

【实验 6-1】 组合服务选取成功率。在服务总数为 100、300、600、900、1 200、2 000 的 6 个数据集上分别使用"旅游计划"中的抽象服务随机生成 10 个组合服务，比较本书和 Alrifai 的算法在不同规模数据集上进行组合服务选取的成功率，实验结果如图 6-7 所示，横坐标表示服务总数，纵坐标表示对应不同服务总数的数据集上组合服务选取的成功率。

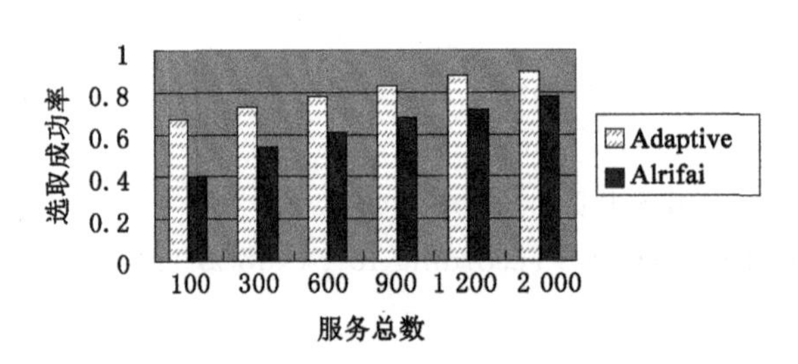

图 6-7 组合服务选取成功率

【实验 6-2】 组合服务选取执行时间。在服务总数为 300、600、900、1 200、2 000 的 6 个数据集上分别使用"旅游计划"中的抽象服务随机生成 5 个组合服务，对每个组合服务随机生成 5 个软约束条件，对 Alrifai 的选取算法中选取时间的计算包含失败时与用户再次交互的时间，直到选取成功或用户终止作为截止时间，实验结果如图 6-8 所示，横坐标表示服务总数，纵坐标表示在不同数据集上进行服务选取的时间。

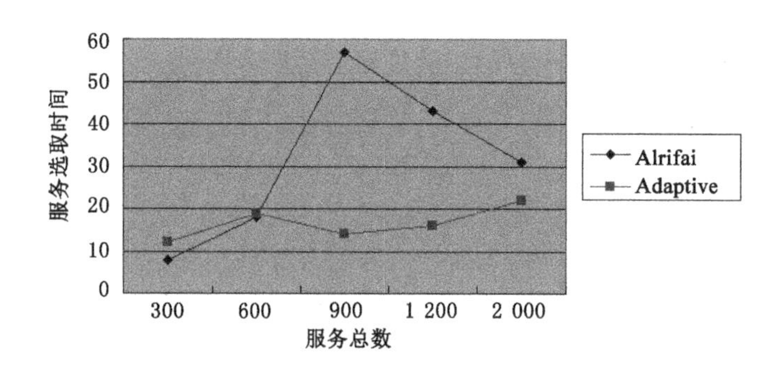

图 6-8　组合服务选取算法执行时间

通过对组合服务选取成功率和执行时间的实验分析可以得到：

（1）组合服务成功率方面。图 6-7 所示为两种不同的选取算法在不同规模的数据集上进行组合服务选取成功率的比较。从实验结果上可以看出，本书提出的自适应的组合服务选取算法明显要高于 Alrifai 的算法。

（2）选取算法效率方面。由于自适应的组合服务选取算法在服务选取失败时，减少了与用户进行再次交互的时间，在这种情况下服务选取的要少于 Alrifai 的算法，其他情况下与 Alrifai 的算法执行时间相差不大。

基于上述的分析可以看出，基于 Alrifai 的组合服务选取算法，在选取失败时，需要与用户再次交互，执行时间较长；本书提出的自适应组合服务选取算法，考虑到用户的约束条件，在选取失败时，基于放松模型进行自动约束条件的更新，进行服务的重新选取，减少了与用户交互的次数，有效提高了有约束的组合服务选取的执行效率。

6.5　本章小结

Web 服务 QoS 评价最终要应用到 QoS 驱动的 Web 服务选取中，本章在第 3、4、5 章研究的基础上，提出了一个基于约束放松的自适应的组合服务选取方法。本章的主要研究工作包括：

（1）提出了基于分布式约束满足的组合服务选取模型。

（2）介绍了 QoS 驱动的自适应 Web 服务选取框架。在服务调用流程、自适应的 Web 服务选取体系结构方面进行了深入的研究。

(3) 根据以上研究成果,提出了有约束的组合服务选取情形下的自适应选取算法。

(4) 介绍了本章研究内容的实验过程及结果分析。

第7章　结　论

7.1　总结

Web服务QoS评价技术研究是Web服务领域的研究热点问题之一，如何评价现有的Web服务以满足用户日益复杂的应用需求已经成为目前研究的焦点，且取得了大量的研究成果。但Web服务QoS评价仍有一系列问题有待解决，如支持QoS驱动的Web服务选取的体系结构、Web服务QoS指标定义、评价算法、QoS评价信息获取、QoS评价信息和评价算法的可信度、评价结果应用等。

支持多领域的Web服务QoS评价同样面临一系列问题，如何针对多领域的Web服务制定评价标准、如何定义评价等级、对于领域指标如何计算评价结果的可信度、如何定义具有特殊领域属性的Web服务的QoS评价指标及如何将评价结果应用到Web服务的选取过程中都是将Web服务应用到实践过程中必须解决的问题，因此，对支持领域特性的Web服务QoS评价技术的研究十分重要。

在对现有Web服务QoS评价的相关技术，如SOA体系结构扩展、QoS属性定义、QoS信息获取、QoS可信度和QoS驱动的服务选取等进行详细的分析和总结基础上，本书首先提出了一个扩展的QoS体系结构；接着提出了一种支持面向领域的Web服务QoS可信度评价方法；然后提出了一种基于服务使用信息的质量评价方法；最后提出了具有自适应能力的Web服务选取方法。本书所提出的创新成果包括：

(1) 提出了一个面向领域可扩展的QoS模型。QoS模型是Web服务QoS评价技术研究的基础，为了使得目前的SOA体系结构能够支持QoS，并且能够适应面向领域的服务质量评价，本书提出一个扩展QoS模型，支持QoS信息的分类、增加、存储；提出了一个三维的QoS结构，从不同生命周期考虑Web服务的QoS；在可扩展的QoS模型基础上，本书对SOA体系结构进行了扩展，扩展后的 SOA 体系结构支持 QoS 信息的获取、传输，支持 Web 服务 QoS 评价及驱动的 Web 服务选取。

(2) 提出一个面向领域的 Web 服务 QoS 可信度度量模型。Web 服务 QoS 数据由多种途径获得，为了得到可信的 Web 服务 QoS 数据，提出一种 Web 服务 QoS 可信度评价模型，模型通过用户发布的 QoS 数据、监控得到的 QoS 数据和用户反馈的 QoS 数据评价 Web 服务 QoS 的可信度，给出了 QoS 数据的获取方法及可信度的计算方法。通过模拟实验，验证了可信度计算方法能够有效区分提供虚假 QoS 信息的 Web 服务，表明考虑可信度的 Web 服务选取具有良好的效果。

(3) 提出一种基于服务使用信息的服务 QoS 约束生成方法。在面向领域的 Web 服务 QoS 评价过程中 QoS 指标的选取是一个比较困难的问题，本书根据用户参与 Web 服务选取的行为的不同，把 Web 服务选取分为有约束和无约束两种场景。在有约束的 Web 服务选取时，收集用户的调用行为信息和反馈行为信息，并生成 Web 服务约束信息指标集合；对于无约束的 Web 服务选取，用生成的约束信息指标集合评价 Web 服务的 QoS。本书提出的方法适用于不同的领域，解决了不同领域 Web 服务 QoS 评价时指标及指标权重选择的问题。在实验过程中，完全实现了有约束和无约束两种场景下 Web 服务的选取过程，并通过收集的有约束场景下用户行为数据生成了不同领域的 Web 服务质量评价指标集合，最后用生成的指标集合进行无约束场景下的 Web 服务质量评价，取得较好的效果，验证了方法的实用性。

(4) 提出一种基于约束放松的自适应 Web 服务选取方法。在用户提出 Web 服务请求的时候，当候选服务不能满足用户需求时，需要用户重新输入约束信息，在用户没有相关领域知识的时候，可能会造成用户重复地执行服务选取的过程。针对以上问题，本书提出一种自适应的 Web 服务选取方法，根据用户提出的约束条件的权重，自适应地选取出适合于用户的 Web 服务，避免了用户多次进行选取的过程；在选取过程中，通过文中给出的等价关系试探性地对多个约束条件进行放松，避免对同一指标过度放松的现象，达到了选择最接近用户要求的 Web 服务的目的。通过实验模拟，本书提出的自适应服务选取模型，在用户提出的约束条件不合理的时候，能为用户有效地推荐最接近用户要求的 Web 服务，减少了用户多次参与服务选取的问题。

7.2 未来研究方向

在以上阶段性研究成果的基础上，将开展下一步研究工作，主要包括：

(1) 在扩展的 QoS 模型方面，本书给出了一个扩展的 QoS 模型，但是在 Web 服务 QoS 评价的属性指标、评价方法等方面没有进一步研究。笔者所在研究室目前正在参与国家标准委组织的《SOA 服务质量评测规范》编制工作，笔者作为该标准的的提出者和第一稿草案的撰写者，将继续参与该标准的制定。在接下来的研究中，将针对 Web 服务 QoS 评价指标、评价模型等方面提出相应的国家标准草案，交于国家标准委进行讨论，该标准将作为我国 SOA 标准体系中的一部分，指导我国 SOA 应用的实施和测评。

(2) 在 Web 服务 QoS 可信度方面，将继续研究针对不同指标的可信度度量算法。本书目前只分析了获取 QoS 数据的可信度评价部分，对于各种评价算法没有进行深入研究，在下一阶段研究工作中，将分别在 QoS 数据可信度及 QoS 评价算法可信度两个方面展开研究。Web 服务 QoS 可信度研究可以应用于 QoS 驱动的 Web 服务选取及 Web 服务监控策略方面。

(3) 基于用户行为信息的 Web 服务评价方面，本书提出了基于用户的请求服务和反馈服务行为的 QoS 约束信息集生成的模型。在用户行为建模、行为信息分析、体系结构、反馈机制、反馈模型、数据模型等方面还没有深入展开研究，在下一阶段会继续完善本部分工作。该工作涉及多个研究领域，包括用户行为建模、行为分析、推荐信息生成、专家推荐策略、反馈模型等，需要在总结、学习大量其他领域研究成果的基础上进一步展开工作。目前，笔者正在建立一个用户行为信息收集平台，以用来模拟 Web 服务选取过程中的用户行为信息；在用户反馈研究方面，笔者建立了一个 NEUDDI 平台，该平台收集了 3 000 多个 Web 服务(目前有效的 Web 服务有 2 000 个左右)，并设计了一个 Web 服务调用代理，通过该代理用户可以调用 Web 服务，对 Web 服务质量进行反馈，系统最终会将反馈信息进行收集、过滤和整理，用以作为下一步研究的基础。

(4) Web 服务 QoS 评价的最终目的是将其研究成果应用于 QoS 驱动的 Web 服务选取中，评价的最终目标是选取，为用户提供更高质量的 Web 服务。自适应的 Web 服务选取是以上三个研究内容的补充，是检验以上研究结果的一个过程。在下一阶段的研究工作中，还将涉及基于 QoS 评价结果的 Web 服务选取的内容。

参考文献

[1] 杨胜文,史美林.一种支持 QoS 约束的 Web 服务发现模型[J].计算机学报,2005,28(4):589-594.

[2] IONA TECHNOLOGIES. Web Services Definition[EB/OL].[2001-03-05].http://www.w3.org/2001/03/WSWS-popa/paper.

[3] W3C.SOAP Version 1.2[EB/OL].[2000-12-17].http://www.w3.org/TR/2001/WD-soap12-part0.

[4] CHINNICI R,GUDGIN M.WSDL Version 1.2[EB/OL].[2003-03-15].http://www.w3.org/TR/wsdl.

[5] TOM B,STEVE C,LUC C.UDDI Version 3.0.2[EB/OL].[2004-10-02].http://uddi.org/pubs/uddi_v3.htm.

[6] OASIS.Web Services Business Process Execution Language(WSBPEL)[EB/OL].[2002-08-03].http://www.oasis-open.org/committees/tc_home.php? wg_abbrev=wsbpel.

[7] JEFF A E,KEN L,FRANCIS G M,et al.Reference Architecture for Service Oriented Architecture Version 1.0[EB/OL].[2008-03-13].http://docs.oasis-open.org/soa-rm/soa-ra/v1.0/soa-ra-pr-01.pdf.

[8] WIKIPEDIA.Software as a Service[EB/OL].[2009-05-11].http://en.wikipedia.org/wiki/Software_as_a_service.

[9] MICHAEL A, ARMANDO F, REAN G, et al. Above the clouds: a berkeley view of cloud computing[J].Science,2009,53(4):50-59.

[10] AL-MASRI E, MAHMOUD Q H. Investigating web services on the world wide web[C]//Proceeding of the 17th International Conference on World Wide Web-WWW'08. April 21-25, 2008. Beijing, China. New York:ACM Press,2008:795-804.

[11] 叶蕾,张斌.面向应用领域的 Web 服务发现与匹配[J].东北大学学报(自然科学版),2007,28(11):1544-1547.

[12] 孙萍,蒋昌俊.利用服务聚类优化面向过程模型的语义 Web 服务发现[J].计算机学报,2008,31(8):1340-1353.

[13] VERMA K,SIVASHANMUGAM K,SHETH A,et al.METEOR-S WSDI:a scalable P2P infrastructure of registries for semantic publication and discovery of web services[J].Information technology and management,2005,6(1):17-39.

[14] SRINIVASAN N,PAOLUCCI M,SYCARA K.An efficient algorithm for OWL-S based semantic search in UDDI[C]//Semantic Web Services and Web Process Composition,2005:96-110.

[15] KLUSCH M,FRIES B,SYCARA K.Automated semantic web service discovery with OWLS-MX[C]//Proceedings of the Fifth International Joint Conference on Autonomous Agents and Multiagent Systems-AAMAS'06.May 8-12,2006,Hakodate,Japan.New York:ACM Press,2006:915-922.

[16] KOURTESIS D,PARASKAKIS I,FRIESEN A,et al.Web service discovery in a semantically extended UDDI registry:the case of fusion[M]//Establishing the Foundation of Collaborative Networks.Boston,MA:Springer US,2007:547-554.

[17] 张成文,苏森,陈俊亮.基于遗传算法的 QoS 感知的 Web 服务选择[J].计算机学报,2006,29(7):1029-1037.

[18] SOYDAN BILGIN A,SINGH M P.A DAML-based repository for QoS-aware semantic Web service selection[C]//Proceedings of IEEE International Conference on Web Services,2004.July 9-9,2004,San Diego,CA,USA.IEEE,2004:368-375.

[19] BEN HASSINE A,MATSUBARA S,ISHIDA T.A Constraint-Based Approach to Horizontal Web Service Composition[M]//Lecture Notes in Computer Science.Berlin,Heidelberg:Springer Berlin Heidelberg,2006:130-143.

[20] DEGWEKAR S,SU S Y W,LAM H.Constraint specification and processing in Web services publication and discovery[C]//Proceedings of IEEE International Conference on Web Services,2004.July 9-9,2004,San Diego,CA,USA.IEEE,2004:210-217.

[21] W3C.Web Services Architecture[EB/OL].[2004-02-15].http://www.

w3.org/TR/ws-arch.

[22] IBM.Web Services [EB/OL].[2001-05-06].http://www.ibm.com/developerworks/cn/webservices/ws-wsca/part1.

[23] WIKI.Web Service Definition[EB/OL].[2001-07-12].http://en.wikipedia.org/wiki/Web_service.

[24] 中国电子技术标准化研究所.SOA 总体技术要求标准草案[R].2009.

[25] MOSER L E,MELLIARLOGMITH P M.Patterns:Service-Oriented Architecture and Web services[M]//IBM Redbook.International Technical Support Organization,2004.

[26] 汤景凡.动态 Web 服务组合的关键技术研究[D].杭州:浙江大学,2005.

[27] W3C.QoS for Web Services:Requirements and Possible Approaches [EB/OL].[2003-11-16].http://www.w3c.or.kr/kr-office/TR/2003/ws-qos.

[28] ISO.UNE-EN-ISO,ISO 8402(Part of the ISO 9000:2002): Quality Vocabulary[S].1994.

[29] SAEED A,LEON S.Measuring Quality of Service for Contract Aware Web-Services[A]//The 1st Australian Workshop on Engineering Service-Oriented Systems,Melbourne,Australia,2004:54-56.

[30] RAN S P.A model for web services discovery with QoS[J].ACM SIGecom exchanges,2003,4(1):1-10.

[31] YOON S,KIM D,HAN S Y.WS-QDL containing static,dynamic,and statistical factors of Web services quality[C]//Proceedings of IEEE International Conference on Web Services, 2004. July 9-9, 2004, San Diego,CA,USA.IEEE,2004:808-809.

[32] LAPRIE J,RANDELL B.Fundamental concepts of computer system dependability[C].Workshop on Robot Dependability,2001.

[33] TRUONG H L,SAMBORSKI R,FAHRINGER T.Towards a framework for monitoring and analyzing QoS metrics of grid services[C]// 2006 Second IEEE International Conference on e-Science and Grid Computing(e-Science'06).December 4-6,2006,Amsterdam,Netherlands. IEEE,2006:65.

[34] GUNTHER N J.The Practical Performance Analyst[M].Illinois: Authors Choice Press,2000.

[35] KOPETZ H.Real-time systems: design principles for distributed embedded applications[J].Computers and mathematics with applications, 1997,34(10):142.

[36] PERNICI B.Mobile Information Systems: Infrastructure and Design for Adaptivity and Flexibility[M].New York:Springer,2006.

[37] KRITIKOS K.Enhancing the Web Service Description and Discovery Processes with QoS[M]//Managing Web Service Quality.Pennsylvania:IGI Global,2006:114-150.

[38] PAPAZOGLOU M P.Web services and business transactions[J].World wide web,2003,6(1):49-91.

[39] SUN C G,AIELLO M.Requirements and evaluation of protocols and tools for transaction management in service centric systems[C]//31st Annual International Computer Software and Applications Conference (COMPSAC 2007).July 24-27,2007,Beijing,China.IEEE,2007:461-466.

[40] LEE K,JEON J,LEE W,JEONG S H,et al.QoS for Web Services: Requirements and Possible Approaches[EB/OL].[2003-11-13].http://www.w3c.or.kr/kr-office/TR/2003/ws-qos.

[41] SABATA B,CHATTERJEE S,DAVIS M,et al.Taxomomy of QoS Specifications [C].WORDS'97: Proceedings of the 3rd Workshop on Object-Oriented Real-Time Dependable Systems,1997.

[42] MANI A,NAGARAJAN A.Understanding Quality of Service for Web Services[EB/OL].[2002-01-28].IBM Developerworks Website,http://www-106.ibm.com/developerworks/library/ws-quality.html.

[43] CARDOSO J,SHETH A,MILLER J,et al.Quality of service for workflows and web service processes[J].Journal of web semantics,2004,1(3):281-308.

[44] ZENG L Z,BENATALLAH B,NGU A H H,et al.QoS-aware middleware for Web services composition[J].IEEE transactions on software engineering,2004,30(5):311-327.

[45] ARTAIAM N,SENIVONGSE T.Enhancing service-side QoS monitoring for web services[C]//2008 Ninth ACIS International Conference on Software Engineering, Artificial Intelligence, Networking, and Parallel/Distributed Computing.August 6-8,2008,Phuket,Thailand.IEEE,2008:765-770.

[46] 徐峰.开放协同软件环境中信任管理研究[D].南京:南京大学,2003.
[47] 胡建强,邹鹏,王怀民,等.Web 服务描述语言 QWSDL 和服务匹配模型研究[J].计算机学报,2005,28(4): 504-513.
[48] AL-MASRI E,MAHMOUD Q H.Toward quality-driven web service discovery[J].IT professional,2008,10(3):24-28.
[49] 郭得科,任彦,陈洪辉,等.一种 QoS 有保障的 Web 服务分布式发现模型[J].软件学报,2006,17(11):2324-2334.
[50] 郭得科,任彦,陈洪辉,等.一种基于 QoS 约束的 Web 服务选择和排序模型[J].上海交通大学学报,2007,41(6):870-875.
[51] KOURTESIS D,RAMOLLARI E,DRANIDIS D,et al.Discovery and selection of certified web services through registry-based testing and verification [M]//Pervasive Collaborative Networks. Boston, MA: Springer US,2008:473-482.
[52] 宋雅娟.Web 服务组合方法研究[D].长春:吉林大学,2011.
[53] WU M H,JIN C H,YU C Y,et al.QoS and situation aware ontology framework for dynamic web services composition[C]//2008 12th International Conference on Computer Supported Cooperative Work in Design.April 16-18,2008,Xi'an,China.IEEE,2008:488-493.
[54] CHEN Y P.Web services composition with incomplete QoS information [C]//2008 IEEE 8th International Conference on Computer and Information Technology Workshops.July 8-11,2008,Sydney,NSW,Australia. IEEE,2008:683-687.
[55] 范小芹,蒋昌俊,王俊丽,等.随机 QoS 感知的可靠 Web 服务组合[J].软件学报,2009,20(3):546-556.
[56] BALIGAND F,RIVIERRE N,LEDOUX T.A declarative approach for QoS-aware Web service compositions[J].Lecture notes in computer science,2007,4749,422-428.
[57] YU T,ZHANG Y,LIN K J.Efficient algorithms for Web services selection with end-to-end QoS constraints[J]. ACM transactions on the web,2007,1(1):6.
[58] 叶世阳,魏峻,李磊,等.支持服务关联的组合服务选择方法研究[J].计算机学报,2008,31(8):1383-1397.
[59] ARDAGNA D,PERNICI B.Adaptive service composition in flexible

processes[J].IEEE transactions on software engineering,2007,33(6):369-384.

[60] CANFORA G,DIPENTA M,ESPOSITO R,et al.A lightweight approach for QoS aware service composition[C].2nd International Conference on Service Oriented Computing(ICSOC'04),2004.

[61] CANFORA G,DI PENTA M,ESPOSITO R,et al.An approach for QoS-aware service composition based on genetic algorithms[C]//Proceedings of the 2005 Conference on Genetic and Evolutionary Computation-GECCO'05.June 25-29,2005.Washington DC,USA.New York:ACM Press,2005:110-125.

[62] 张成文,苏森,陈俊亮.基于遗传算法的QoS感知的Web服务选择[J].计算机学报,2006,29(7):1029-1037.

[63] 邵凌霜,李田,赵俊峰,等.一种可扩展的Web Service QoS管理框架[J].计算机学报,2008,31(8):1458-1470.

[64] RAJESH S,ARULAZI D.Quality of service for web services-demystification,limitations, and best practices[J/OL].[2003-03-16].https://www.researchgate.net/publication/247308833_Quality_of_Service_for_Web_Services-Demysti-fication_Limitations_and_Best_Prac-tices.

[65] O'SULLIVAN J,EDMOND D,TER HOFSTEDE A.What's in a service? [J].Distributed and parallel databases,2002,12(2-3):117-133.

[66] DROMEY R G.Cornering the chimera(software quality)[J].IEEE software,1996,13(1):33-43.

[67] MENASCE D A.QoS issues in Web services[J].IEEE internet computing,2002,6(6):72-75.

[68] 郭亚军.综合评价理论与方法[M].北京:科学出版社,2002.

[69] 吴江霞.Web组合服务QoS属性预测方法研究[D].北京:北京邮电大学,2008.

[70] W3C.Workshop on Web Services[EB/OL].[2001-04-12].http://www.w3.org/2001/03/WSWS-popa.

[71] NETCRAFT.November 2006 Web Server Survey [EB/OL].[2006-11-23].https://news.netcraft.com/archives/2019/11/27/november-2019-web-server-survey.html.

[72] 邓水光,李莹,吴健,等.Web服务行为兼容性的判定与计算[J].软件学

报,2007,18(12):3001-3014.

[73] 张明卫,魏伟杰,张斌,等.基于组合服务执行信息的服务选取方法研究[J].计算机学报,2008,31(8):1398-1411.

[74] KIM S M, ROSU M C. A survey of public web services[C]//Proceedings of the 13th International World Wide Web Conference on Alternate Track Papers and Posters-WWW Alt.'04.May 19-21,2004. New York,NY,USA.New York:ACM Press,2004:110-116.

[75] 李研,周明辉,李瑞超,等.一种考虑 QoS 数据可信性的服务选择方法[J].软件学报,2008,19(10):2620-2627.

[76] LI L,WANG Y.A trust vector approach to service-oriented applications[C]//2008 IEEE International Conference on Web Services.September 23-26,2008,Beijing,China.IEEE,2008:270-277.

[77] 李海华,杜小勇,田萱.一种能力属性增强的 Web 服务信任评估模型[J].计算机学报,2008,31(8):1471-1477.

[78] LIU K M,QIU G,BU J J,et al.Ranking using multi-features in blog search[M]//Advances in Multimedia Information Processing-PCM 2007.Berlin,Heidelberg:Springer Berlin Heidelberg,2007:714-723.

[79] SHAH N,IQBAL R,JAMES A,et al.An agent based approach to address QoS issues in service oriented applications[C]//2008 12th International Conference on Computer Supported Cooperative Work in Design.April 16-18,2008,Xi'an,China.IEEE,2008:317-322.

[80] LI J H,CHEN S Q,LI Y J,et al.Application of genetic algorithm to QoS-aware Web Services composition[C]//2008 3rd IEEE Conference on Industrial Electronics and Applications.June 3-5,2008,Singapore. IEEE,2008:516-521.

[81] ALCHIERI E A P,BESSANI A N,FRAGA J D S.A dependable infrastructure for cooperative web services coordination[C]//2008 IEEE International Conference on Web Services.September 23-26,2008,Beijing, China.IEEE,2008:21-28.

[82] KHAN T A,HECKEL R.A methodology for model-based regression testing of web services[C]//2009 Testing: Academic and Industrial Conference-Practice and Research Techniques. September 4-6, 2009, Windsor,UK.IEEE,2009:123-124.

[83] SHAH N,IQBAL R,JAMES A,et al.An agent based approach to address QoS issues in service oriented applications[C]//2008 12th International Conference on Computer Supported Cooperative Work in Design.April 16-18,2008,Xi'an,China.IEEE,2008:317-322.

[84] PASATCHA P,SUNAT K.A distributed e-education system based on the service oriented architecture[C]//2008 4th IEEE International Conference on Management of Innovation and Technology.September 21-24,2008,Bangkok,Thailand.IEEE,2008:1282-1285.

[85] LAN C W,CHEN R C S,SU A Y S,et al.A multiple objectives optimization approach for QoS-based web services compositions[C]//2009 IEEE International Conference on e-Business Engineering.October 21-23,2009,Macao,China.IEEE,2009:121-128.

[86] SHAO L S, ZHANG J, WEI Y, et al. Personalized QoS prediction forWeb services via collaborative filtering[C]//IEEE International Conference on Web Services(ICWS 2007).July 9-13,2007,Salt Lake City,UT,USA.IEEE,2007:439-446.

[87] SERHANI M A,BADIDI E,BENHARREF A,et al.A cooperative approach for QoS-aware Web services' selection[C]//2008 International Conference on Computer and Communication Engineering.May 13-15,2008,Kuala Lumpur,Malaysia.IEEE,2008:1084-1088.

[88] HU R, LIU J X, LIAO Z H, et al. A web service matchmaking algorithm based on an extended QoS model[C]//2008 IEEE International Conference on Networking,Sensing and Control.April 6-8,2008,Sanya,China.IEEE,2008:1565-1570.

[89] D'MELLO D A, ANANTHANARAYANA V S, THILAGAM S. A QoS broker based architecture for dynamic web service selection[C]//2008 Second Asia International Conference on Modelling and Simulation(AMS). May 13-15, 2008, Kuala Lumpur, Malaysia. IEEE, 2008:101-106.

[90] LO C C,CHENG D Y,LIN P C,et al.A study on representation of QoS in UDDI for web services composition[C]//2008 International Conference on Complex,Intelligent and Software Intensive Systems.March 4-7,2008,Barcelona,Spain.IEEE,2008:423-428.

[91] 邵凌霜,周立,赵俊峰,等.一种 Web Service 的服务质量预测方法[J].软件学报,2009,20(8):2062-2073.

[92] AL HUNAITY M,EL SHEIKH A,DUDIN B.A new web service discovery model based on QoS[C]//2008 3rd International Conference on Information and Communication Technologies:From Theory to Applications.April 7-11,2008,Damascus,Syria.IEEE,2008:1-2.

[93] LO N W, WANG C H. Web services QoS evaluation and service selection framework-a proxy-oriented approach[C]//TENCON 2007-2007 IEEE Region 10 Conference.October 30-11,2007,Taipei,Taiwan,China.IEEE,2007:1-5.

[94] WANG C,GUO X L,SHAN Z G.Request classification of Web QoS based on user behaviour analysis[C]//2008 6th IEEE International Conference on Industrial Informatics.July 13-16,2008,Daejeon,Korea.IEEE,2008:1459-1462.

[95] GARCIA D Z G,TOLEDO M B F D.Quality of service management for web service compositions[C]//2008 11th IEEE International Conference on Computational Science and Engineering.July 16-18,2008, Sao Paulo, Brazil.IEEE,2008:189-196.

[96] 胡争辉.我国 SOA 标准体系即将建立[EB/OL].[2008-12-14].https://blog.csdn.net/hu_zhenghui/article/details/3515482.

[97] CNET 科技资讯网.我国有望率先建立起 SOA 标准体系[EB/OL].[2008-11-05]. http://www. techwalker. com/2008/1105/1217257. shtml.

[98] 高琳琦.基于用户行为分析的自适应新闻推荐模型[J].图书情报工作,2007,51(6):77-80.

[99] 刘奕群,岑荣伟,张敏,等.基于用户行为分析的搜索引擎自动性能评价[J].软件学报,2008,19(11):3023-3032.

[100] 胡昊,殷琴,吕建.虚拟计算环境中服务行为与质量的一致性[J].软件学报,2007,18(8):1943-1957.

[101] ROMAN D, KELLER U, LAUSEN H, et al. Web Service Modeling Ontology(WSMO)[J/OL].[2006-10-23].https://www.researchgate.net/publication/330033049_Web_Service_Modeling_Ontology_WSMO.

[102] MARTIN D, PAOLUCCI M, MCILRAITH S, et al. Bringing

semantics to web services: the OWL-S approach[M]//Lecture Notes in Computer Science. Berlin, Heidelberg: Springer Berlin Heidelberg, 2005:26-42.

[103] WANG C,GUO X L,SHAN Z G.Request classification of Web QoS based on user behaviour analysis[C]//2008 6th IEEE International Conference on Industrial Informatics.July 13-16,2008,Daejeon,Korea. IEEE,2008:1459-1462.

[104] PACIFICI G, SPREITZER M, TANTAWI A N, et al. Performance management for cluster-based web services [J]. IEEE journal on selected areas in communications,2005,23(12):2333-2343.

[105] 李勇.分布式 Web 服务发现机制研究[D].北京:北京邮电大学,2008.

[106] LEE S H,SHIN D R.Web service QoS in multi-domain[C]//2008 10th International Conference on Advanced Communication Technology.February 17-20,2008,Gangwon,Korea.IEEE,2008:1759-1762.

[107] YU T,LIN K J.Service selection algorithms for composing complex services with multiple QoS constraints[J].Lecture notes in computer science,2005,3826:130-143.

[108] 张静.软件构件库中 Web Service QoS 信息获取与处理子系统的设计与实现[D].北京:北京大学,2007.

[109] 代钰,杨雷,张斌,等.支持组合服务选取的 QoS 模型及优化求解[J].计算机学报,2006,29(7):1167-1178.

[110] 李祯,杨放春,苏森.基于模糊多属性决策理论的语义 Web 服务组合算法[J].软件学报,2009,20(3):583-596.

[111] LIU A, LI Q, HUANG L S, et al. Building profit-aware service-oriented business applications [C]//2008 IEEE International Conference on Web Services. September 23-26, 2008, Beijing, China. IEEE,2008:489-496.

[112] ORTIZ G,BORDBAR B.Model-driven quality of service for web services:an aspect-oriented approach[C]//2008 IEEE International Conference on Web Services.September 23-26,2008,Beijing,China.IEEE, 2008:748-751.

[113] CANFORA G,DI PENTA M,ESPOSITO R,et al.An approach for QoS-aware service composition based on genetic algorithms[C]//Pro-

ceedings of the 2005 conference on Genetic and evolutionary computation-GECCO'05. June 25-29, 2005. Washington DC, USA. New York: ACM Press, 2005:1069-1075.

[114] 郭得科,任彦,陈洪辉,等.一种基于 QoS 约束的 Web 服务选择和排序模型[J].上海交通大学学报,2007,41(6):870-875.

[115] ARDAGNA D, PERNICI B. Global and local QoS constraints guarantee in Web service selection [C]//IEEE International Conference on Web Services(ICWS'05). July 11-15, 2005, Orlando, FL, USA. IEEE, 2005.

[116] YU T, LIN K J. Service selection algorithms for Web services with end-to-end QoS constraints[J]. Information Systems and e-Business Management, 2005, 3(2):103-126.

[117] 郑向宏,李院春,李增智.支持语境约束的语用 Web 服务组合模型研究[J].电子科技大学学报,2007,36(S3):1465-1468.

[118] MOHAMMAD A, THOMASS R. Combining global optimization with local selection for efficient QoS-aware service composition[C]. Proceedings of the 18th International Conference on World Wide Web, 2009.